Viktor Wiese

Stadttauben im Griff

Populationsmanagement – artgerecht und erfolgreich

88 Fotos

3 Grafiken

Inhalt

Vorwort 4
Geleitwort zum Ratgeber „Stadttauben im Griff“ 5

Einleitung 7

Die Taube – ein Mitbewohner seit Tausenden von Jahren 11
Wie die Taube zum Kulturfolger wurde 11
Tauben und Menschen – Wohlwollen, Missverständnisse und Konflikte 12

Die natürlichen Verhaltensweisen der Tauben 19
Sozialverhalten 19
Balz und Brutplatzwahl 22
Gebäudeprägung 27
Standorttreue 27
Lebenserwartung 29
Feinde 29

Das Stadttaubenproblem lösen – ein artgerechtes Konzept 31
Zuständigkeiten klären 31
Abwehrmaßnahmen – aus der Not geboren 32
Ursachenforschung zuerst 32
Maßnahmen des Konzepts 34
Stadttaubenmonitoring 35
Taubenhaus, der richtige Standort 39

Ohne Partner geht es nicht 42
Öffentlichkeitsarbeit 44
Andere Vogelarten fördern 44

Der Taubenschlag 47
Ein wichtiger Baustein im Taubenmanagement 47
Welcher Schlagtyp passt? 48

Ausstattung für Schläge 59
Wasserquellen 59
Futterspender 60
Brut- und Nistplätze 60
Ruheplätze 61
Bodenbelag 61
Beleuchtung 63
Gerätschaften und Zubehör 64

Taubenpopulationen umsiedeln 67
Vergrämung 67
Tauben einfangen 68
An- und Umsiedeln in der Praxis 72

Betreuung und Kontrolle der Tauben 75
Fütterung 75
Gesunde Bestandsreduzierung durch Eierentnahme 76
Die Situation im Schlag im Auge behalten 76
Schlagtauben auf naturgemäße Bedingungen umstellen 77

Das Projekt in der Übersicht 79

Service 83
Zum Nachlesen 83
Adressen 83
Schlusswort und Dank 84
Bildquellen 86
Register 88

Vorwort

„Ein Spatz in der Hand ist besser als eine Taube auf dem Dach, sagt man. Der Spatz ist völlig anderer Meinung.“

Quelle: Steinwürfe im Glashaus, Robert Lembke (Deutscher Journalist und Fernsehmoderator)

„Die großen Ideen kommen auf Taubenfüßen daher.“ Dieser Satz, der Friedrich Nietzsche zugeschrieben wird, beschreibt eindrücklich, welche Gedanken mir durch den Kopf gingen, als ich im Januar 2015 das Taubenhaus in Buchen zum ersten Mal besuchte und vor allem auch innen besichtigen konnte. Taubenfachmann Viktor Wiese erläuterte sein gelungenes Konzept und beeindruckte insbesondere damit, mit welchen „kleinen“ Maßnahmen „große“ Probleme behoben werden können.

2013 war Buchen – so meine Informationen – von Taubenpopulationen leidgeplagt. Wie in jeder größeren oder auch kleineren Stadt nisteten und brüteten Tauben in der Innenstadt und verschmutzen diese zwangsläufig. Auch Tauben lieben zentrale Orte, das Wasser der Brunnen gleichermaßen wie all die Brotkrumen, die da, wo Menschen in der Öffentlichkeit essen, liegenbleiben. Die Idee war, wie zuvor in anderen Städten bereits erprobt, die Tauben aus der Stadt zu locken und ihnen eine bessere Alternative zu bieten, die sie auch annehmen.

So entstand das Taubenhaus, an dessen Bau sich viele Hände beteiligt hatten und das seither von Viktor Wiese ehrenamtlich betreut wird. Die Einrichtung ist nach den Bedürfnissen der Tauben liebevoll und vor allem wohlüberlegt gestaltet. Die Tauben, so war klar, müssen es als ihre Zufluchtsstätte akzeptieren. Das war wohl der schwierigste Schritt. Jede Taube, die das Haus anfliegt, bleibt und dort brütet, zeigt, dass das Konzept erfolgreich ist und eine breite Öffentlichkeit verdient hat.

Mit diesem Ratgeber ist es Herrn Wiese gelungen, „sein“ Konzept verständlich darzustellen und eine Hilfestellung für jeden und jede zu bieten, die sich für ein solches Taubenhaus interessieren.

Berlin, 16. Dezember 2015
Dr. Dorothee Schlegel,
Mitglied des Deutschen Bundestages

Der Autor und die Bundestagsabgeordnete beim Besuch des Taubenhauses der Stadt Buchen.

Geleitwort zum Ratgeber „Stadttauben im Griff“

Manchmal gelingt es, ein Problem auf einem Weg zu lösen, der es ermöglicht, dass es tatsächlich nur Gewinner und keine Verlierer gibt. Ein wunderbares Beispiel dafür ist das Buchener Taubenhaus. Nun schon im dritten Jahr seines Betriebs hat es sich zu einem – ob der Erfolge – beispielhaften und nachahmenswerten Beispiel für die Steuerung einer vorher in vielfacher Hinsicht problematischen Stadttaubenpopulation entwickelt.

Dafür danke ich unserem Mitarbeiter Viktor Wiese. Trotz skeptischer Stimmen bei der Vorstellung seiner Ideen waren wir als Stadtverwaltung offen für seine Vorschläge. Nach seinen Vorgaben ließen wir zuerst ein Taubenhaus bauen. Mit großem persönlichem Engagement führte Herr Wiese dann das Betriebskonzept für das Taubenhaus mit tatkräftiger Unterstützung weiterer Institutionen zum Erfolg und betreut es so erfolgreich, dass dort eine große Anzahl Tauben heimisch geworden ist. In der Innenstadt sind Tauben seitdem nur noch vereinzelt anzutreffen. Das alles gelang ohne eine Taubenverfolgung durch Gift oder Netze und ohne den Vögeln in irgendeiner Weise zu schaden. Die Zeiten, in denen der Kot von bis zu 100 Tauben unsere historischen Gebäude in der Altstadt verschmutzt hat, sind deshalb Vergangenheit.

So entstand eine Win-win-Situation für den Tierschutz, die Stadthygiene und den Gebäudeschutz, die Schule machen sollte. Viktor Wiese gibt mit der Publikation dieses Ratgebers seine wertvollen Erfahrungen weiter. Ich danke unserem „offiziellen ehrenamtlichen Taubenbetreuer“, aber auch allen, die mitgeholfen haben das Projekt Taubenhaus zum Erfolg zu führen. Namentlich erwähnen möchte ich vor allem den Lagerhausbetrieb BAG Franken eG, der seit Juni 2013, also von Anfang an, das Futter für die Tauben unentgeltlich zur Verfügung stellt.

Buchen, 18. Dezember 2015
Roland Burger,
Bürgermeister der Stadt Buchen (Odenwald)

In der Altstadt von Buchen fanden die Tauben an den Gebäuden gute Lebensbedingungen.

Straßentauben – Freude oder Plage? Oder beides?

Einleitung

Neben anderen Tieren konnte ich schon als Kind auf einem landwirtschaftlichen Hof lange Zeit verwilderte Tauben beobachten. Ich sah täglich direkt zu, wie sich eine Ansiedlung in unserer Scheune verhielt und sich langsam entwickelte und entdeckte viele Details im Verhalten der Tauben.

Das hat dazu geführt, dass ich nun in jeder größeren Stadt und vor allem in der Fußgängerzone die Lebensbedingungen der Tauben erkennen und die dazugehörige Populationsentwicklung einschätzen kann. Diese ist eine natürliche Entwicklung, nichts Außergewöhnliches sondern nachvollziehbar, weil sie auf der Biologie und der natürlichen Lebensweise der Tauben beruht.

Als sich bei uns in der Stadt die Taubenpopulation an der Stadtkirche Jahr für Jahr verstärkt entwickelte, es sogar so weit kam, dass die Tauben sich im Inneren der Kirche breit machten und ihren Kot auf den die Sitzbänken hinterließen, die Tageszeitungen und sogar Radiosender darüber negativ berichteten, kam für mich die Entscheidung. Ich stellte, damals in der Funktion als stellvertretender Vorsitzender des örtlichen Tierschutzvereins, der Stadtverwaltung mein Taubenhauskonzept vor. Ich erklärte mich persönlich dazu bereit, es umzusetzen. Und es gelang mir auch in kurzer Zeit.

Wohl jeder kennt die Diskussionen und die Berichte über die zunehmenden Stadttaubenplagen in den Städten. Die Population vermehrt sich unkontrolliert und rasant. Ihre Kotmassen verunreinigen Gebäude und zerstören sie auf Dauer.

Als vermeintliche Lösung werden dann überall Spikes angebracht, um zu verhindern, dass sich die Tauben dort niederlassen. Radikale Lösungen wie jagen, vergiften, einfangen und einschläfern kommen für echte Tierfreunde keinesfalls in Frage. Und humane Lösungen gibt es leider nur wenige.

Viele Städte sind mit ihren Programmen zur Lösung des Stadttaubenproblems komplett oder teilweise gescheitert und haben damit viele Gelder „in den Sand gesetzt“. Solche Negativbeispiele trugen gleichzeitig dazu bei, dem Ruf der Stadttaube in der Gesellschaft noch mehr zu schaden. Aber es gibt auch viele Großstädte, die mit ihren Taubenkonzepten bereits sehr gute Erfolge erzielt haben, wie etwa die Vorbildstadt Augsburg.

Als mittlerweile ehrenamtlicher Taubenbeauftragter der Stadt Buchen möchte ich interessierten Personen die Möglichkeiten, eine Stadttaubenpopulation entsprechend der Natur der Tiere wirklich in den Griff zu bekommen, auf einfache und verständliche Weise näherbringen. Damit gescheiterte Projekte der Vergangenheit angehören, kann dieses Konzept Städten, Tierschutzvereinen, Tierfreunden, Helfern und Förderern als Basis dafür dienen, dass das Taubenmanagement glückt.

Linke Seite: Stadttauben und andere Vögel prägen das Stadtbild – kein Problem ohne Lösung.

Eine Bitte

Lesen Sie diesen Ratgeber zuerst einmal vollständig von vorne nach hinten durch. Dabei werden Sie auf interessante Zusammenhänge stoßen, die Ihnen bisher wahrscheinlich nicht klar waren. Es nur querzulesen, würde zu Missverständnissen und Fragen führen. Sie sollten dieses Stadttaubenkonzept zuerst als Ganzes verstehen. Dieses Buch bietet alle Hintergrundinformationen dazu. Dann sollten Sie die Tauben in ihrer Stadt genau beobachten und so werden Sie in der Lage sein, dieses Lösungskonzept selbst mit Erfolg umzusetzen.

Die fliegenden Hochzeitstäubchen von Traumhochzeiten ergänzen nicht nur farblich die Stadttaubenpopulation.

Die Taube – ein Mitbewohner seit Tausenden von Jahren

Der Ursprung aller heutigen Tauben ist die Felsentaube (Columbia livia), die ihre Heimat in Eurasien, dem Mittelmeerraum, in Afrika, aber auch auf den nordatlantischen Inseln hat. Die heutigen Stadt- oder Straßentauben sind die domestizierte Form dieser Wildtauben.

Die Schwärme in unseren bewohnten Gebieten bestehen aus verflogenen Brieftauben, verwilderten Haus- und Zuchttauben sowie Hochzeitstauben (Columbia livia domestica) und ihren Nachkommen. Taubenvögel zählen zu den widerstandsfähigsten und erfolgreichsten Vogelarten und sie sind weltweit verbreitet.

Info

Tauben wurden vermutlich vor 4500 Jahren im vorderen Orient domestiziert und haben deshalb weniger Scheu vor Menschen als Wildtiere.

Wie die Taube zum Kulturfolger wurde

Schon im ersten und zweiten Weltkrieg wurden Brieftauben speziell gezüchtet und gezielt im Kampf eingesetzt. Die „Taubenpost“ stellte eine „unauffällige Kommunikation“ zwischen den Einsatzgebieten dar. Nach den Kriegen wurden die nicht mehr benötigen Brieftaubenbestände aufgelöst, die Vögel sich selbst überlassen. Die leerstehenden Ruinen der Städte begünstigten die Entwicklung der Taubenpopulation.

Auch die Hungerjahre nach dem zweiten Weltkrieg trieben die Haltung und Zucht der Haustauben voran. Der wertgeschätzte Vogel war pflegeleicht und versorgte sich weitgehend selbst. Durch die hohe Brutaktivität, bis zu sechs Mal im Jahr zwei Eier, lieferten diese Vögel Ei- und Fleischrationen für die Ernährung sowie Federn. Zeitzeugen berichteten mir, dass einige Städte sogar zusätzliche Futterstellen zur Verfügung stellten, um die Taubenpopulation zu steigern.

Als es den Menschen wirtschaftlich besser ging, die Felder wieder eingesät waren und Haustauben fast zu jedem Bauernhof gehörten,

Info

Tauben suchen sich selbst die für sie günstigen Lebensbedingungen.

stiegen die Taubenpopulationen weiter. Für die Körnerfresser boten die vielen Felder gute Futterquellen und ihr Aktivitätsradius begrenzte sich auf etwa 2 bis 3 km. Bis heute wird dieser meist eingehalten.

Mit der Großstadtentwicklung wurden die umliegenden Felder weniger und die Tauben passten ihr Fressverhalten nach und nach den Bedingungen in der Innenstadt an. Sie lernten schnell, dass der Mensch sie gezielt oder unbewusst durch Lebensmittelreste „gut" ernährt. Diese brauchten sie nur zu finden. Aber viel wichtiger: gut zugängliche Wasserquellen wie Brunnen schmücken fast jede Innenstadt.

Tauben und Menschen – Wohlwollen, Missverständnisse und Konflikte

Für viele Menschen steht die Taube heute im Mittelpunkt des Hobbys und der Entspannung, zum Beispiel bei der Zier- und Schautaubenzucht oder dem Brieftaubensport. Für andere, vor allem Stadtmenschen sind sie eine Sehenswürdigkeit oder sogar Attraktion. Sie werden von Passanten oder den Bewohnern mit Essensresten gefüttert. Aber es gibt auch Menschen, die sich sich von den Stadttauben belästigt fühlen, sie vertreiben und verjagen. Im schlimmsten Fall werden sie sogar gequält und vergiftet.

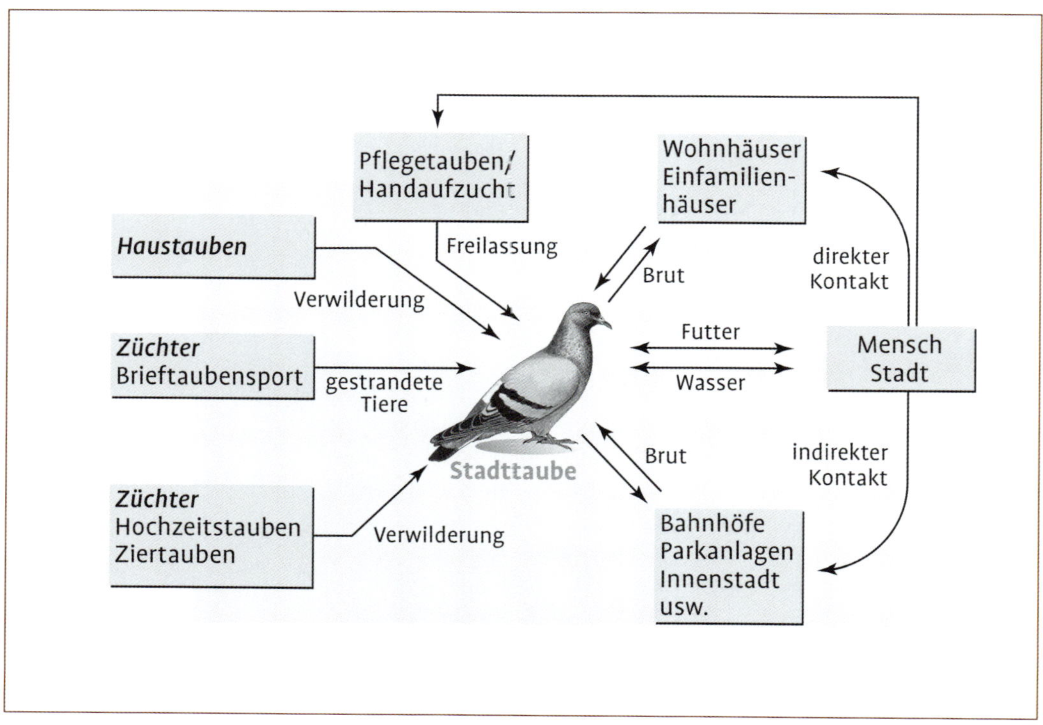

Situation ohne Management der Stadttauben.

Wenn sie gefüttert werden, verlieren Tauben schnell ihre Scheu.

Folgen der Fütterung

Durch das Taubenfüttern wird der Taube ein Futterplatz signalisiert, der nicht ihren natürlichen Futterplätzen entspricht. Außerdem zieht es andere Stadttauben an den vermeintlichen Futterplatz. Viele Städte verhängen deshalb ein offizielles Fütterungsverbot.

Da nicht alle Menschen Vogelfreunde sind, wird manchen Stadttauben das zum Verhängnis, was anfangs gut gemeint war. Es kann ihnen sogar das Leben kosten. Wird zudem falsch gefüttert, zu fettig oder einseitig, dann führt dies bei den Vögel zur Verfettung oderzu Mangelerscheinungen. Sie entwickeln sogar eine gewisse Abhängigkeit von solchen Futterquellen und verlieren ihre Scheu.

Den Tauben ganz nah sein

Sicherlich haben Sie schon selbst gesehen, wie kleine Kinder oder gar Erwachsene versuchen, eine Taube zu fangen oder zu jagen, wenn diese ganz nah vor den Füßen läuft. Die meisten Vögel sehen mehr Bilder pro Sekunde als Menschen. Die Stadttauben können also die „greifende" Gefahr viel schneller und deutlicher wahrnehmen. Der Vogel sieht jeden Griff oder Tritt nach ihm im Zeitlupentempo und er kann sich ohne Probleme dem Griff rechtzeitig entziehen. Außerdem lernen Tauben sehr schnell und vor allem voneinander. Man kann zum Beispiel sehr schön beobachten, wie Stadttauben bei Kindern zügiger auf-

Tauben in der Stadt werden gern mit Essensresten gefüttert und Kinder versuchen, die Vögel zu fangen.

Tauben sind keine Einzelgänger, das zeigt sich auch in ihrem Flug.

fliegen als bei Erwachsenen, weil für sie die Kinder mit ihren viel direkteren Bewegungen die größere Gefahr darstellen.

Falsch verstandene Tierliebe

Auch sie fördert heute die Stadttaubenpopulation, weil scheinbar hilfsbedürftige Jungvögel oder Nestlinge aufgesammelt und von Menschenhand gefüttert und versorgt werden. Durch den regelmäßigen Kontakt verlieren sie ihre natürliche Scheu, im Extremfall entwickelt sich sogar eine Fehlprägung auf den Menschen. Werden solche Tiere nicht rechtzeitig entwöhnt oder vergesellschaftet, suchen sie bei Erreichen der Flugfähigkeit gezielt die Nähe des Menschen.

Felsen, Futter, Wasser – was Tauben in die Stadt zieht

Die Anhäufung von Gebäuden in der Stadt bieten Tauben die Felslandschaft mit Vorsprüngen und Ruheplätzen in luftiger Höhe, die sie als perfekten Lebensraum in der DNA haben, seit Urzeiten von der Felsentaube, ihrer Vorfahrin. Die widerstandsfähigen und gut angepassten Vögel haben auch schnell gelernt, dass der Mensch Freund und Feind zugleich sein kann. Manche Menschen füttern Stadttauben absichtlich, andere lassen ihre Essensreste einfach fallen und die Tauben müssen sie nur finden. Die Getreidelagerhäuser in der Nähe der Randsiedlungen außerhalb der Innenstadt kleinerer Städte bieten nahezu täglich neues und frisches Getreide auf dem Gelände. Aber wieso lockt es die Stadttauben in die Innenstadt, wenn es auch außerhalb reichlich Futter gibt? Diese Frage hat mich lange beschäftigt, die Erkenntnis kam mir, als ich das Nistverhalten näher betrachtete (siehe Seite 26).

Viele Innenstädte besitzen schöne Wasserbrunnen und Teichanlagen. Vögel nutzen sie gern zum Trinken oder als willkommenen Badeplatz.

Tauben brauchen neben Futter auch einiges an Wasser. Einmal natürlich als Trinkwasser für sich selbst, aber während der Brut hauptsächlich für ihren Nachwuchs, denn dieser wird mit der sogenannten Kropf- oder Taubenmilch versorgt. Dies ist ein fett- und eiweißreiches Sekret, das sie in ihrem Kropf bilden.

Die Stadttauben sind fast ein halbes Jahr nur mit dem Brüten und der Jungvogelaufzucht beschäftigt. „Schnelles Futter“ und nahe liegende Wasserquellen zu finden, das sind ihre täglichen Hauptaufgaben und zugleich ein Lauf gegen die Zeit.

Verschmutzung durch Kot

Mit frisch aufgenommenem Futter oder Wasser fällt den Tauben das Losfliegen schwer. Deshalb reduzieren sie ihr Gewicht, indem sie Kot absetzen. Das wiederum führt zu den unerwünschten Verunreinigungen, denn wie alle Exkremente, ob von Mensch und Tier, birgt auch der Taubenkot neben dem ästhetischen auch ein hygienisches Problem in der Stadt.

Frischer Kot von Stadttauben ist zwar pH-neutral, das haben mittlerweile verschiedene Studien etwa der Technische Universität Darmstadt belegt, jedoch produziert eine Taube rund 10 kg Nasskot in einem Jahr. Das ist an für sich eine übliche Menge für die Größe des Vogels, doch auf einer kleinen Fläche konzentriert, beispielsweise an einem historischen Gebäude oder auf den Wegen in der Innenstadt ist diese Menge von Kot nicht erwünscht.

Info

Vogelkot besteht aus Kot und Urin zugleich, denn die Vögel haben nur eine Körperöffnung (Kloake) für die Ausscheidungen. Der dunkle Anteil ist der Kot, das Weiße der halbfeste Urin.

Hygiene- und Gesundheitsrisiken durch Stadttauben

Auch wenn die Krankheitsübertragung durch Stadttauben auf Menschen nicht stärker ist als durch andere Wildvögel, so kann es in seltenen Fällen, vor allem bei abwehrschwachen Personen, durch das Einatmen von Kotstaub zu Ornithose, einer meldepflichtigen bakteriellen Erkrankung, sowie zur jedoch seltenen Kryptokokkenmeningitis, einer Pilzinfektion, kommen.

Die größere Gefahr, die von den Stadttauben ausgeht, besteht in meinen Augen in den Kadavern solcher Tiere, die zum Beispiel durch

Magischer Anziehungspunkt für Tauben: Plätze, an denen es praktisch immer Futter gibt, wie hier an diesem Getreidelager.

Was die Menschen allgemein verärgert und Autos, Fassaden oder die Innenstadt weiß eindeckt, ist vor allem der Urinanteil des Taubenkots.

Sehr oft sieht man verendete Stadttauben in Stoffnetzen oder Spikes hängen.

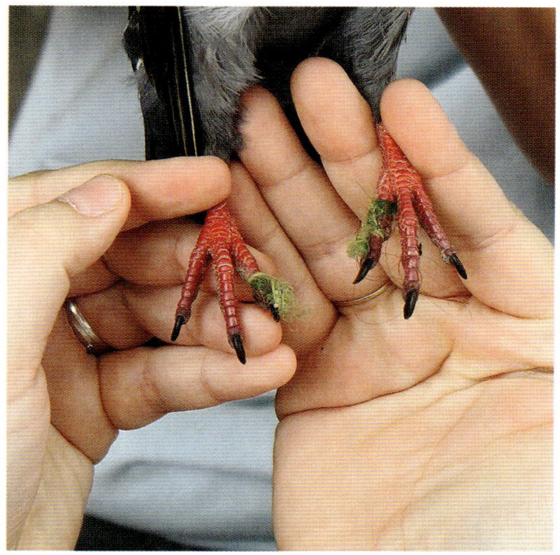

Viele Stadttauben leiden unter Verletzungen durch Schnüre und Stoffnetze, mit denen sie abgewehrt werden sollen.

unüberlegte Vergrämungsversuche, also der dauerhaften Verscheuchung, verursacht werden. Beim Verwesen der toten Tauben werden mit jedem Windstoß Mikroorganismen wie Pilze, Viren, Bakterien oder andere Erreger in der Luft und damit in der Bevölkerung verteilt, ohne dass sich der Mensch als eigentlicher Verursacher darüber Gedanken macht.

Parasiten und Verletzungen

Das harte Leben der Straßentauben führt dazu, dass nur die robustesten und gesündesten durchkommen. Einige Parasiten, die jeder Vogelhalter und -züchter kennt, gehören dennoch dazu. In unkontrollierten Brutbereichen können sich die Rote Vogelmilbe, Federlinge oder Taubenzecken auch bei Stadttauben ungehemmt vermehren und die Vögel schwächen.

Aber die häufigsten Erkrankungen und Verletzungen werden verursacht durch nicht tierschutzgerechte Vergrämung der Tauben. Hierbei sollen Schnüre, Netze oder Spikes verhindern, dass sich die Tiere an bestimmten Stellen niederlassen oder brüten. Giftfutter soll ihre Zahl reduzieren und selbst die Misshandlung von Tauben kommt vor. All dies kann körperliche Schäden und Missbildungen hervorrufen, die den Stadttauben qualvolle Schmerzen bereiten, zum Teil lebenslang.

Baden ist für Tauben Wohlfühlen und Körperpflege zugleich.

Die natürlichen Verhaltensweisen der Tauben

Um die Lebensweise der Straßentauben zu verstehen und um ein Konzept zu entwickeln, wie ihre Populationen in einem mit den Menschen in einer Stadt verträglichen Maß gesteuert werden können, ist es wichtig, ihre Lebens- und Verhaltensweisen zu kennen. Nur wenn nicht gegen, sondern mit ihrer Natur gerechnet und darauf eingegangen wird, können solche Konzepte von Erfolg gekrönt sein.

Sozialverhalten

Tauben sind sehr gesellige Vögel. Sie leben in der Gruppe, ob auf festem Untergrund, bei der Brut, an ihren Sammelplätzen oder beim Flug im Schwarm. Sie erkennen sich untereinander in der Gruppe und im

Der Tag beginnt mit dem gemeinsamen Aufwärmen am Sammelplatz.

Ein Teilschwarm unterwegs.

Schwarm. Sie prägen sich dank ihres bekanntermaßen guten Orientierungsvermögens die wichtigen Plätze ein, die sie zum Leben brauchen: zum Brüten, Ausruhen, Trinken, Baden und Futter finden.

Schwarm

Selbst wenn für uns ein fliegender Taubenschwarm auf den ersten Blick chaotisch erscheint, ist er wohlorganisiert. Sein Flugverhalten hat klare Strukturen, die durch Leittiere vorgegeben werden. Die Folgetiere orientieren und richten sich danach. Durch meine langjährigen Beobachtungen konnte ich erkennen, dass es immer die älteren und vor allem dieselben Leitvögel sind, die die Flugführung behalten und die Flugrichtung vorgeben.

Tagesablauf

Schon in den Morgenstunden versammeln sich die jeweiligen Teilschwärme zum Aufwärmen. In den ersten Sonnenstrahlen wärmen sich die Vögel von der kühlen Nachttemperatur auf und trocknen zugleich das Gefieder. Dadurch wird das natürliche Putzverhalten mitausgelöst.

Kommt ein weiterer Taubenschwarm angeflogen, fliegt der erste ebenfalls auf und fliegt dem neuen entgegen. Kurz vor dem Aufeinandertreffen drehen beide Schwärme in dieselbe Richtung ab, strukturieren sich neu und landen nach einigen gemeinsamen Flugrunden wieder sortiert nach der Rangordnung auf dem Sonnenplatz.

Sind die Tauben dann voller Energie und bereit für die Nahrungsaufnahme, fliegen die Schwärme gemeinsam oder auch nur teilweise zu den bekannten Futterstellen. Dies passiert meistens, nachdem die

Von links oben nach rechts unten:
Der Täuber wirbt um die Gunst der Täubin, indem er sich verbeugt, wieder aufrichtet und im Kreis läuft.

Nach jedem gelegten Ei paaren sich Täubin und Täuber, um das folgende Ei zu befruchten.

Rabenvögel abgezogen sind, aber bevor Menschenmassen Innenstadt und Fußgängerzone füllen. So kommen die Tauben nicht mit dem Menschen in Konflikt, müssen nicht zwischen vielen Füßen laufen, das Futter lässt sich leichter und gefahrloser aufnehmen und die Trinkbrunnen sind auch bereits in Betrieb.

Sind die Stadttauben gesättigt, fliegen sie zurück zu ihren Sammelstandorten. Dort spielt sich noch mehr des Taubenlebens ab. Es bilden sich zum Beispiel neue Paare und man kann die Täuber, wie die männlichen Vögel genannt werden, gut beim „Treiben und Tänzeln" beobachten, mit dem sie den Täubinnen imponieren wollen. Elterntiere dagegen fliegen nach dem Fressen direkt zu ihren Nestern, um die Jungen mit Kropfmilch zu füttern.

Frisch geschlüpfte Taubenjunge werden immer von einem der Eltern betreut.

Balz und Brutplatzwahl

Wie bei vielen Schwarmvögeln und Herdentieren werden Paarungsverhalten und Fortpflanzung durch die Konkurrenz untereinander gesteigert. Die Partnerschaft der Tauben hält meist lebenslang und wird in Monogamie geführt.

Beim Balzritual tänzelt der Täuber vor der Täubin, verbeugt sich, richtet sich wieder auf und läuft anschließend im Kreis. Dies wiederholt sich öfters. Hat der Täuber die Gunst der Täubin erlangt, wird der gemeinsame Brutplatz ausgesucht und wenn nötig, vom Täuber auch erkämpft.

Der Paarungsakt selbst findet meist nicht beim oder im Nest sondern auf einem Dach oder auf dem Boden statt. Das Anbrüten oder Warmhalten beginnt bereits ab dem ersten Ei zeitweise, weil das zweite Ei in der Regel erst am dritten Tag gelegt wird.

Brüten in der Kolonie

Die Stadttauben sind Kolonie- und „Konkurrenzbrüter". Normalerweise brüten die Tauben zwei bis vier Mal im Jahr. Ist der Konkurrenzdruck zu groß, steigt die Brutaktivität auf bis zu sechs Mal im Jahr. Bei Großstadttauben ist dies eher der Normalfall.

Sie orientieren sich dabei an den fruchtbaren Gelegen der Eltern oder anderer Paare. Sie versuchen, ebenfalls direkt am selben

Standort oder in unmittelbarer Nähe ein „Plätzchen“ zu bekommen, wo sie ihr Nest bauen können.

Schwächeren, neuen oder unerfahrenen Paaren gelingt dies oft nicht, besonders bei Mangel an Nistplätzen etwa an Gebäuden oder auch in Taubentürmen. Sie sind gezwungen, ungeeignete Brutplätze in der Nähe zu nutzen und werden dabei leicht Opfer von Greifvögeln wie dem Uhu oder Raubtieren, etwa dem Marder.

Diese Taube hat nur noch einen denkbar ungeeigneten Brutplatz auf einem Kühlaggregat im Bahnhof gefunden.

Ein „guter“ Brutplatz

War eine Brut erfolgreich, ist dies für die Tauben eine positive Werbung für einen fruchtvollen Brutplatz. Andere Paar werden davon auto-

Erfolgreiche Brutplätze ziehen andere Paare an. Hier in einem Taubenhaus, das errichtet wurde, um die Taubenpopulation zu kontrollieren.

Die Entwicklung der Taubenküken vom Schlupf bis zum Verlassen des Nests.

15 Tage alt

18 Tage alt

20 Tage alt

24 Tage alt

Nistschale mit einem Gelege und schlichter Ausschmückung durch das Taubenpaar.

matisch angezogen und animiert, dort ebenfalls zu brüten. Ich bezeichne solch einen Brutplatz als Basis für den natürlichen Schwarmmagneten.

Sinken die Temperaturen unter circa 5 °C und wurden in den Städten zeitgleich die Wasserquellen und Brunnen abgestellt, ist bei den Tauben eine brutfreie Zeit zu beobachten. Diese Hemmung findet sich aber nicht bei Brutplätzen, die wärmer sind. So auch in den Gebäudeschlägen mit direkter Wasserversorgung, die extra für die Tauben zur Verfügung gestellt wird.

Wird an einem Brutplatz zu oft nicht erfolgreich gebrütet, etwa durch ständiges Eieraustauschen bei dem Versuch, die Population niedrig zu halten, durch Störungen oder Räuberung, dann sucht sich das Pärchen in der Nähe einen anderen Platz.

27 Tage alt, nur ein paar gelbe Härchen am Kopf zeigen, dass es noch Jungvögel sind.

Nistverhalten und Nistdauer

Das Nest der Stadttauben wird von Täuber und Täubin gemeinsam mit feinen Ästen oder Zweigen dezent und einfach „dekoriert“. Genauso machen es auch die Tauben in einem Taubenhaus, die vielleicht sogar eine Nistschale zur Verfügung haben.

Die Täubin legt zwei Eier, das zweite im Abstand von zwei vollen Tagen zum ersten, und dann geht sie erst in die volle Brut. Dabei brüten die Täubin von abends bis morgens und der Täuber von morgens bis abends. Die Taubenküken schlüpfen nach 17 bis 18 Tagen.

Zu Anfang werden die Nestlinge häufig gehudert, um sie warmzuhalten und vor Witterungseinflüssen und Feinden zu schützen. Gefüttert werden sie von beiden Elternteilen mit Kropfmilch und zwar in etwa, bis die Federbildung einsetzt. Dann reduzieren die Elterntiere die Fütterung auf vier bis fünf Mahlzeiten am Tag und der Nestling wird nach und nach mit festen Körnern gefüttert. Futterfest sind die Tiere etwa ab dem 20. Lebenstag.

Die Jungvögel sind nach circa 25 Tagen soweit, dass sie das Nest verlassen und erste kleinen Flugübungen durchführen können. Die Elterntiere beginnen oft in der Nähe der Jungvögel eine weitere Brut.

Nach 30 Tagen sind die jungen Tauben vollständig entwickelt und unabhängig. Die Geschlechtsreife erlangen die Stadttauben mit rund sechs Monaten. Dann suchen sie sich einen Partner.

Gebäudeprägung

Durch das erste Ausfliegen der Jungvögel prägen sie sich ihr Zuhause, also das Gebäude oder den Schlag von außen ein, richten den „inneren Kompass" exakt aus und ordnen es als „ihr Zuhause" zu. So finden Brieftauben wie auch freilebende Stadt- oder Straßentauben ihr Zuhause ohne Probleme schnell wieder, auch wenn sie länger in Gefangenschaft waren.

Werden Jungvögel vor dem Ausfliegen umgesetzt, zum Beispiel von einer Pflegestelle in ein Taubenhaus, dann speichern sie beim ersten Ausfliegen sofort den neuen Standort in ihrem Orientierungsgedächtnis ab.

Ausnahme Hochzeitstauben

Den meisten Hochzeitstauben werden diese Prägungsflüge bei der Zucht nicht gewährt, denn die weißen Vögel sind für Greifvögel einfach zu auffällig und zu viele Verluste würden zu Geschäftseinbußen für den Züchter führen. Die Folge für die Tauben ist, dass sie beim ersten Losfliegen auf einer Hochzeit orientierungslos sind. Sie stranden meist direkt auf den Dächern der Umgebung. Solche Vögel schließen sich oft schnell einem Stadttaubenschwarm an. Hier fällt auf, dass die weißen Tauben meist in der Schwarmmitte fliegen, weil dort die Gefahr, Raubvögeln zum Opfer zu fallen, geringer ist.

Standorttreue

Ein Pärchen wird alles versuchen, seine Eier erfolgreich auszubrüten oder bei ihren Jungvögeln zu sein, um sie zu versorgen. Ein Pärchen kann bis zu einem halben Jahr mit der Jungvogelaufzucht beschäftigt sein. Die für Tauben typische Standorttreue wird also bestimmt durch Jungvögel oder Eier im Nest und den Partner. In der Regel sind sie einem Standort treu, bis äußere Einflüsse die Brutaktivität einschränken.

Mit der Partnerwahl, der „Hochzeit", geben die weiblichen Vögel ihre bisherige Standorttreue auf, denn den neuen Brutplatz bestimmt der Täuber. Er treibt das Weibchen an den Brutplatz seiner Wahl, meistens dorthin, wo andere Tauben auch schon fruchtvolle Brutstätten haben, um dort ebenfalls ihr Glück zu versuchen.

Info

Die Standorttreue hat sich der Mensch bei den Brieftauben zunutze gemacht. Freigelassene Brieftauben versuchen, möglichst schnell zu ihrem Standort zurückzufliegen. So lassen sich per Taubenpost Nachrichten verlässlich übermitteln.

Die weißen Hochzeitstauben in der Mitte des Schwarmes sind durch die Überlappung der anderen Tauben (Sicht von oben) für die Greifvögel unsichtbarer und somit sicherer als am Rand.

Die Stadttauben kennen die Futterstellen und die Hochzeitstaube orientiert sich an ihnen.

Lebenserwartung

Bei den Stadttauben besonders in den größeren Städten liegt die Jungensterblichkeit bei bis zu 90 % im ersten Lebensjahr. Die durchschnittliche Lebenserwartung beträgt zwei bis vier Jahre. Unter optimalen Lebensbedingungen, also nicht auf der Straße oder in der Stadt, können Stadttauben auch mehr als acht Jahre alt werden.

Feinde

Der größte Feind ist der Mensch, direkt und auch indirekt, zum Beispiel mit falscher Nahrung, durch Straßenverkehr, falsch durchgeführte Vergrämungsmaßnahmen oder mit Fallen, Gift und vielem mehr.

Natürliche Feinde sind Greifvögel wie Wanderfalke, Sperber, Habicht, Uhu oder Raubtiere wie Marder und Katzen. Manche dieser Tiere sind tag-, andere nachtaktiv. Diese Feinde spielen eine wichtige Rolle durch die natürliche Selektion der schwächeren Tiere im Taubenschwarm. So überleben die stärksten und widerstandsfähigsten Vögel und sichern den Fortbestand der Art. Auch wenn es uns manchmal grausam erscheinen mag, auch diese Tiere müssen sich ernähren, um ihre Aufgabe als regulierende Faktoren zu erfüllen. Manche ernähren sich auch von Tauben und so spielt sie selbst eine wichtige Rolle in der Natur, indem sie beispielsweise zum Fortbestand von Greifvögeln beiträgt.

Dieser Uhu saß nur rund 300 m von einem Taubenhaus im Baum.

Dieser Wanderfalke wurde direkt über einem Taubenhaus aufgenommen.

Wenn es nicht zu viele sind, gehören Tauben durchaus zu einem angenehmen, lebendigen Stadtbild dazu.

Das Stadttaubenproblem lösen – ein artgerechtes Konzept

Durch die Beschreibung der Stadttauben in den vorhergegangenen Kapiteln wollte ich Ihnen ein deutliches Bild davon geben, was eine Stadttaube ist, wie sie reagiert und warum manches Verhalten einfach natürlich ist. Denn erst wenn Sie wissen, mit wem Sie es zu tun haben, können Sie Stadttauben helfen, etwa indem Sie ein Stadttaubenprojekt erfolgreich aufbauen und langfristig führen. Aber diese Informationen helfen auch jedem Ehrenamtlichen, der dabei mithilft.

Gleichzeitig bietet das hier vorgestellte Konzept die Möglichkeit, Fehler bei geplanten oder bereits laufenden Stadttaubenprojekten zu vermeiden. So manch eines ist schon gescheitert, oft wegen Kleinigkeiten und immer zu Lasten der Stadttauben.

Viele Tierschutzvereine und Einzelpersonen betreiben bereits aktive Aufklärungsarbeit in der Bevölkerung, fördern oder betreiben selbst Stadttaubenprojekte und hatten den einen oder anderen Termin bei den örtlichen Stadtverwaltungen, um über die Möglichkeiten zu informieren. Manche sind oder waren damit sehr erfolgreich, andere weniger.

Zuständigkeiten klären

Fundbehörde oder Städte sind gesetzlich nicht zur Aufnahme und Unterbringung herrenloser Tiere, einschließlich verwilderter Tiere wie die Stadttaube, beziehungsweise zur Übernahme entsprechender Kosten für Haltung und notwendige medizinische Behandlung verpflichtet.

Dennoch gehört die Regelung einer „Stadttaubenplage" zur öffentlichen Ordnung und öffentlichen Sicherheit der jeweiligen Stadt. Nach Recht und Gesetz hat jede Stadt ein sogenanntes Ermessen, wie sie ihrer öffentlichen Ordnung gerecht wird oder sie wiederherstellt. Und so unterscheiden sich in den Städten die Regelungen, was den Umgang mit den Stadttauben angeht.

Info

Unter herrenlosen Tieren sind nach bürgerlichem Recht Tiere zu verstehen, an denen kein Eigentum besteht (BGB §§ 958–964 ff.). Demzufolge sind beispielsweise verwilderte Katzen und Stadttauben herrenlos.

Eigentümer von mit Tauben besiedelten Gebäuden bringen als erste und einfache Maßnahmen oft Spikes oder andere Verbauungen an, um die Vögel fernzuhalten.

Das Ei des Columbus liegt im Nest der Taube.

Abwehrmaßnahmen – aus der Not geboren

Betroffene Gebäudeeigentümer wissen oft keine bessere Möglichkeit als das Anbringen von Spikes oder Stoffnetzen an den Sitz- oder Brutstellen der Stadttauben. Damit soll die Population vertrieben und so das Anwesen, ob kleiner, individueller Balkon oder großer Gebäudekomplex in der Innenstadt, für die Vögel uninteressant gemacht werden.

Dies sind aber keine Lösungen, sondern eine Symptombehandlung, ohne die Ursachen zu verstehen. Sie geht entweder zu Lasten der Nachbarschaft, weil die Tauben dorthin ausweichen. Oder es ist nur eine Frage der Zeit, bis die Stadttauben am selben Gebäude einen anderen geeigneten Platz finden (siehe Gebäudeprägung und Standorttreue, Seite 27).

In den extremen Fällen werden zur Taubenbekämpfung von Firmen oder Institutionen sogar Falkner etwa mit Wanderfalken engagiert. Oder man lässt durch Taubenfänger Fangkäfige aufstellen, um die gefangenen Vögel dann einzuschläfern, dies ist jedoch tierschutzrechtlich nicht erlaubt.

All dies ist einseitig gedacht, denn die Rechnung wurde ohne „den Vogel“ gemacht.

Ursachenforschung zuerst

Erst wenn man weiß, was in einem Schwarm passiert, in dem keine gesunden Leitvögel mehr existieren, wird man erkennen, dass die Lösung woanders liegt.

Da die nächststärkeren Tiere die Funktion der beseitigten Vögel übernehmen und sich neue Paare bilden, wird sich die Population in Kürze erholt haben. Dies ist möglich, weil an den Lebensgrundlagen der Tauben, also der Verfügbarkeit von Futter, Wasser und Brutplätzen nichts verändert wurde.

Statt wieder und wieder die Taubenpopulationen, auf welche Art und Weise auch immer, zu bekämpfen und die Schwärme zu zerstreuen, ist es viel effektiver, an der Basis anzufangen. Das heißt, Ursachenforschung betreiben, die Entwicklung der Population verstehen und dann das Problem bei der Wurzel zu packen. Ganz nach dem Motto: „Erst kommt das Ei und dann der Vogel“.

Plage oder natürlicher Bestand?

Für viele Menschen sind Stadttauben „Ratten der Lüfte“ und man spricht sofort von einer Plage, wenn sich ein Schwarm an einem Brunnen niedergelassen hat oder die Tauben in der Innenstadt die achtlos weggeworfenen Essensreste picken. Über eines sollte man sich hier klar sein: Alles was die Ratten der Lüfte, tagsüber nicht „wegputzen“, wird nachts von den Ratten der Kanalisation erledigt. Welche von beiden sind einem dann lieber?

Die Folgen jeder Ansammlung von Menschen auf engem Raum, wie in der Stadt, zeigen immer die gleiche Entwicklung. Dort wo günstige Lebensbedingungen entstehen, wachsen parallel Populationen andere Lebewesen heran, seien es Krähen, Spatzen, Katzen, Mäuse, Marder, Ratten, Füchse, sogar Waschbären, oder eben Tauben. Ab welcher Populationsstärke ist ein Tierbestand tatsächlich eine Plage oder noch natürlich?

Allgemein wird die Population einer entsprechenden Tierart als natürlicher Bestand betrachtet, wenn die Anzahl der Individuen bei 1 bis 2 % der menschlichen Einwohnerzahl liegt. Das ist ein Wert, der aus der Gesamtbeobachtung heraus gewonnen wird. Dabei ist es aber eher interessant, wie hoch eine Population an einem bestimmten Standort

In jeder Stadt gibt es Plätze, die für die Tauben besonders günstig sind – und bei den Menschen beliebt.

Ziele des Konzepts

Menschen
- Aufklären
- Mensch und Tier in Einklang bringen
- Ansprechpartner für Stadttaubenprojekte anbieten

Tauben
- Population konzentrieren
- Bestandsentwicklung beobachten und kontrollieren
- Neue Ansiedlung ermöglichen
- Brutentwicklung kontrollieren
- Natürliches Verhalten unterstützen
- Andere Vogelarten fördern

ist. An Bahnhöfen oder in Fußgängerzonen konzentrieren sich die Populationen bekanntermaßen und liegen dann über dem prozentualen Anteil.

Maßnahmen des Konzepts

Bevor über die Reduktion der Taubenbelastung unter anderem durch einen oder mehrere Taubenschläge nachgedacht werden kann, ist es wichtig zu wissen, wo in der Stadt die Taubenpopulationen kritisch und wie groß sie sind.

Das heißt, bei den nächsten Schritten sollten:
- Taubenbestände, ganze und Teilbestände, ermittelt und lokalisiert werden.
- Alle Tauben-Hotspots identifiziert werden, mitsamt den Informationen zu den Brutplatz-, Futter- und Wasserressourcen, also zu allem, was die Tauben dorthin zieht und hält. (Stadttaubenmonitoring)
- Die Daten in einer Karte der Stadt festgehalten werden, am besten mit circa-Populationsgrößen, um sich ein genaues Bild machen und hochrechnen zu können, in welchem Umfang Maßnahmen notwendig sind. (Stadttaubenmonitoring)
- Stelle oder Stellen identifiziert werden, an denen durch ein Taubenhaus für die Vögel alternativ so gute Lebensbedingungen geschaffen werden können, dass sie nicht an ihre alten Plätze zurückgehen.
- Taubenhaus oder Schläge errichtet werden, am möglichst idealen Platz dafür, in der richtigen Größe von Anfang an, entsprechend der Populationsgrößen.
- Kontrollierte Futter- und Trinkplätze eingerichtet, Fütterungsverbote an kritischen Stellen verhängt werden.
- Vorhandene Brutplätze zur Entnahme von Eiern, noch prägungsfreien Jungvögeln und zum natürlichen Vergrämen genutzt werden.

Wichtig

Bei Taubenprojekten sollten immer die Grundsätze gelten: die Taubenpopulation konzentrieren, die Brutaktivitäten kontrollieren.

Ein in seiner Formation fotografierter Schwarm erlaubt es, die einzelnen Vögel zu markieren und auszuzählen.

Stadttaubenmonitoring

Bevor diese viel Tatkraft fordernde Arbeit beginnt, ist eine gewisse Vorarbeit notwendig. Es müssen die tatsächliche Gesamtgröße der Population oder Teilpopulationen ermittelt werden und auch die neuralgischen Stellen in der Stadt. Das sind die Standorte, wo die Tauben am meisten „stören".

Die Bestände erfassen

Entsprechend ihrem Schwarmverhalten treffen sich die Tauben am frühen Morgen an Sammel- oder Sonnenplätzen. Dabei ist es leicht möglich, einige scharfe Fotos zu machen und dann die Vögel auf den Bildern zu zählen.

Die Tauben können auch im Flug fotografiert werden, denn am Himmel ist eine klare Flugstruktur des Schwarms erkennbar, die das Zählen erleichtert. Arbeitet man auf einem Ausdruck des Fotos oder am Rechner in einem Grafikprogramm mit einem Farbstift, lässt sich jede einzelne Taube markieren, sodass es nicht zu Doppelzählungen kommt.

Gut zu wissen

Beachten Sie, dass die gezählten Tauben ungefähr die Hälfte, maximal zwei Drittel der tatsächlichen Anzahl darstellen: Die Partnervögel sitzen im Nest auf den Eiern und möglicherweise sind auch schon Jungvögel oder Nestlinge vorhanden. Für die Erfassung der Gesamtpopulation müssen diese dazugerechnet werden.

Die Kapazität der Taubenhäuser

Für die Größe eines Taubenschlags, der zum Populationsmanagement errichtet werden soll, ist die Populationsstärke maßgebend. Er muss die Anzahl Tiere der Gesamtpopulation oder zumindest der Teilschwärme aufnehmen können, ohne dass ein Mangel an Brutplätzen entsteht.

Beispiel für einen überfüllten Taubenturm, in den nicht der ganze Teilschwarm hinein passt.

Diese Tauben wurden zu Randbrütern an einer Kirche, weil sie keinen Brutplatz mehr am Kirchenturm bekommen haben.

Auch der schwache Vogel ist an der Kirche ausgewichen.

Ist der Taubenschlag zu klein, so nach dem Motto „lieber klein und fein, als gar keinen Schlag“ kommt es schnell zur Überlastung der Kapazität an Brutplätzen und die Tauben geraten mehr und mehr unter Leistungs- und Konkurrenzdruck. Vorhandene und belegte Brutplätze werden von Artgenossen dann aggressiv attackiert und müssen verteidigt werden. Dies führt zu unnötiger Belastung und gegebenenfalls auch zu Verletzungen bei den Tieren. Gleichzeitig bauen sich die Tauben, wenn möglich, Notlegeplätze direkt auf den Boden oder sogar am Futterplatz.

Sind alle Brutplätze im Taubenhaus belegt, suchen sich schwächere oder junge Paare einfach Brutplätze in der Nachbarschaft. Die Anwohner freuen sich nicht über das vermehrte Aufkommen von Taubenkot und werden dann leicht zu Gegnern einer Taubenanlage in ihrer Nähe.

Ein Fütterungsverbot in bestimmten Stadtbereichen kann ein Taubenmanagementprojekt unterstützen. Jede unkontrollierte Futterstelle führt zum regelmäßigen Besuch der Tiere und wirkt gegen ein Taubenkonzept.

Fütterungsverbote

In einer Stadt fallen die Tauben dort am meisten auf, wo sie leicht an Futter kommen. Jeder kennt diese Stellen, besonders wenn Passanten dort ihr Frühstückbrötchen mit den Tauben teilen oder die Krümel aus den Tüten fallen.

Landeplatz am Taubenhaus: Die jungen Tauben richten mit ihren ersten Rundflügen ihren inneren Kompass aus.

Tierschutzgesetz und Landesverordnungen regeln den Schutz der Tiere. Um die Gefahren für die öffentliche Sicherheit und Ordnung wie Verschmutzung durch Exkremente oder Gefährdung für den Straßenverkehr abzuwehren, sind die Kommunen aber grundsätzlich berechtigt, in ihrem Gebiet ein Fütterungsverbot für freilebende Tiere wie Tauben oder Wasservögel anzuordnen und Zuwiderhandlungen mit Bußgeldern zu ahnden.

Allerdings löst sich eine Taubenpopulation nicht von alleine durch ein Fütterungsverbot für Bürger oder Passanten. Wenn die sonstigen Lebensbedingungen für die Vögel günstig sind, etwa durch die frei zugänglichen Wasserquellen, die die Städte und Kommunen unterhalten, dann beteiligen sie sich damit sogar an der Förderung der Taubenpopulation.

Brutplätze identifizieren und kontrollieren

In der Regel halten sich die Stadttauben zu 70 bis 80 % des Tages an ihren Schlaf- und Brutplätzen auf. So soll es dann später auch im geplanten Taubenschlag sein. Daher ist es wichtig, auszukundschaften, wo genau die Vögel schlafen und brüten.

Der zweite Punkt ist, dass bei gut zugänglichen Brutstätten die Eier vollständig entfernt werden können. Dies ist eines der Instrumente, eine Taubenpopulation zu regulieren.

Die Eierentnahme signalisiert den Tauben, dass das Nest geräubert wird und auf Dauer unsicher ist. Dadurch werden sie vergrämt. Solche fruchtlos gemachten Brutplätze sollten weiterhin betreut und die Vögel gelegentlich auf natürliche Weise vergrämt werden (siehe Seite 67).

Gleichzeitig können an zugänglichen Brutplätzen bereits futterfeste, aber noch nicht flugfähige Jungvögel eingefangen werden. Sie haben noch keine Gebäudeprägung und sind die idealen Lockvögel für einen künftigen Taubenschlag.

Sie werden vom Schlagbetreuer nach dem Einfangen weiter mit Nahrung versorgt und erreichen schnell die Flugfähigkeit. Mit dem ersten Ausfliegen erhalten die Jungvögel durch ein paar Rundflüge in die Umgebung ihre Gebäudeprägung (siehe Seite 27) und kehren in Zukunft selbstständig zum Taubenhaus zurück.

Drahtnetze haben sich bewährt, um Brut- und Ruheplätze von Stadttauben zu versperren, aber nur wenn eine vollständige Bespannung erreicht wird.

Vergrämung bei Nacht

Wird ein Vogel bei seiner Nachtruhe gestört, betrachtet er den Platz als gefährlich oder unsicher. Vögel wissen, dass es auch nachtaktive Raubtiere und Greifvögel gibt die diese Situation für sich ausnutzen, um Beute zu machen. Bei kleinsten Geräuschen fliegt der ganze Schwarm auf und versammelt sich an einem hell beleuchteten Standort, um die Gefahr sehen und besser einschätzen zu können.

Wiederholt man die Störung bei der Nachtruhe mehrfach, orientieren sich die Stadttauben in Kürze neu. Wird nun ein störungsfreies Taubenhaus angeboten, betrachten die Vögel dies als eine willkommene Alternative. Mit dem Taubenhausschwarm (Schwarmmagnet) ziehen die vergrämten Vögel bereitwillig dort ein.

Info

Die natürlichste Art der Vergrämung bei Vögeln ist allgemein, sie wiederholt nachts bei Dunkelheit zu stören.

Unerwünschte Ruhe- und Brutplätze versperren

Es gibt natürlich auch Nachtruheplätze für Tauben, die rund um die Uhr beleuchtet sind, etwa an Bahnhöfen, U-Bahn-Stationen oder historischen Gebäuden. Diese Plätze müssen vollständig unzugänglich für sie gemacht werden.

Bei den Arbeiten darf jedoch kein Vogel eingesperrt werden. Er müsste qualvoll verenden, was tierschutzrechtlich nicht erlaubt ist und ein Hygieneproblem wäre die Folge. Bei seiner Verwesung vermehren sich Bakterien und Pilze, die zur gesundheitlichen Belastung für Menschen werden könnten.

Taubenhaus, der richtige Standort

Ist der Standort für das Taubenhaus richtig gewählt, wird es helfen, Mensch und Stadttaube in Einklang zu bringen. Die Stadttauben sollen ein tiergerechtes Leben führen können und die Menschen die Tauben in diesem Bereich tolerieren oder sie als natürlichen Bestandteil des Stadtbildes respektieren. Um eine rasche Neuansiedlung zu gewährleisten, muss das Taubenhaus große Attraktivität für die Vögel besitzen. Durch ihr gutes Orientierungsvermögen finden die Stadttauben dann schnell die neuen Futter-, Trink-, Schlaf- und Nistplätze.

Gut zu wissen

Wird ein Taubenschlag errichtet, brauchen nicht im selben Moment alle Brutplätze aufgelöst werden. Liegen sie in der Nähe des Schlags, stören niemand und ist die Brutaktivität kontrollierbar, etwa in einem leeren Hausdach, dann können sie parallel weiterbetreut werden. Aber es darf dort nie eine erfolgreiche Brut stattfinden, die Tauben sollten lediglich nur ihr natürliches Brutverhalten zum Beispiel auf Kunsteiern ausleben.

Die Information über einen Taubenschlag an einem von Menschen gewollten oder an einer bestimmten Stelle verfügbaren Standort muss den Stadttauben erst vermittelt werden. Nur Futter zur Verfügung zu stellen, reicht dabei oft nicht. Die Vögel brauchen alle Hinweise, dass die Lebensbedingungen an dem Ort, an den sie umgesiedelt werden sollen, besser sind. Sonst bleiben die Schläge leer.

Tauben-Hotspots identifizieren

Schaut man sich Innenstädte an, sieht man schnell, wo Stadttauben nicht erwünscht sind, aber sehr zahlreich vorkommen. Es sind Taubenansammlungen aus einem oder mehreren Schwärmen, die regelmäßig dieselben Standorte anfliegen. Spikes aller Art schmücken dort Fassaden von Kaufhäusern oder Netze hängen an historischen Gebäuden. Diese Standorte bieten den Stadttauben günstige aber nicht immer artgerechte Lebensbedingungen. Man spricht von Tauben-Hotspots.

In der Großstadt

Viele Großstädte haben im Rahmen ihrer Taubenprojekte die Taubenschläge in unmittelbarer Nähe von Tauben-Hotspots errichtet, ganz nach dem Motto: „Der Knochen kommt zum Hund“. Solch ein Schlag wird schnell angenommen, weil sich durch das regelmäßige, artgerechte Futter und sichere Nistmöglichkeiten die Lebensbedingungen vor Ort wesentlich verbessert haben.

Tauben-Hotspots sind daran zu erkennen, dass sich regelmäßig besonders viele Tauben auf einmal einfinden.

In der Regel fliegt ein Schwarm oder Teilschwarm mit einer Größe von rund 30 bis 80 Vögeln umher. In eng und hoch bebauten Großstädten ist es deshalb besser, statt einem großen, mehrere kleinere Schläge zu errichten. So wird nicht der eine Schlag überlastet und Randnistung in der Nähe verhindert. Außerdem lassen sich Teilschwärme besser aus der Innenstadt verlagern, konzentrieren und an anderer Stelle ansiedeln.

In mittleren und kleineren Städten

In mittelgroßen und kleineren Städten empfiehlt es sich, einen Standort außerhalb der Innenstadt zu wählen etwa an einer Grünfläche und idealerweise mit Wasser, also einem Bach, Fluss oder Brunnen in der Nähe. In einem reinen Wohngebiet sollte der Standort auf keinen Fall liegen. Stadttauben fliegen größere Gebäude gerne zum Sammeln oder Sonnenbaden an, im Wohngebiet würde das zu unnötigem Ärger mit den Anwohnern führen.

Achtet man einmal in der Stadt bewusst auf die Gebäude, dann sieht man an allerlei „Dekorationen“ schnell, wo Tauben unerwünschte Sitzplätze oder Aufenthaltsorte hatten.

Auch außerhalb der Innenstadt kennen Tauben die Plätze, an denen sie Futter finden.

Stadtrand, Industrie- und Mischgebiete

Beobachtungen haben gezeigt, dass sich Taubenschlagstandorte in der Nähe örtlicher Agrarbetriebe sehr gut bewähren. Es gibt dort regelmäßig Ab- und Anlieferung von Getreide. Dieses verteilt sich dabei auch auf dem Gelände oder der Straße und so ist es eine regelmäßige und sichere Futterquelle für Getreidevögel – und Stadttauben. Sie kennen diese Plätze meist bestens und fliegen sie sogar schon als erstes in den frühen Morgenstunden an.

An solchen Standorten ist die Errichtung von Taubenschlägen sehr günstig, weil die Betriebe im Misch- oder Industriegebieten liegen. Meist mangelt es dort nur an Wasserquellen und Nistplätzen, was mit dem Taubenhaus leicht behoben werden kann.

Ohne Partner geht es nicht

Jedes gut organisierte Stadttaubenprojekt kümmert sich nicht nur um die Bedürfnisse und Rechte der Vögel sondern auch um die Eigentümer von betroffenen Anwesen und Gebäuden. Es ist wichtig, mit den Eigentümern von Gebäuden oder Gelände für Standorte von Taubenhäuser, eventuell Firmen, die die baulichen Voraussetzungen schaffen können und vielen anderen zusammenzuarbeiten, damit ein Stadttaubenprojekt erfolgreich umgesetzt werden kann.

Hauseigentümer

Wer kennt nicht Spikes oder Netze an Gebäuden, die zur Abwehr von betroffenen Hauseigentümern angebracht wurden. Trotzdem stellen sie meist schnell fest, dass sich Stadttauben nur bedingt von einem lukrativen Platz abhalten lassen. Dies ist der Schlüssel dazu, sie als Förderer von Taubenprojekten zu gewinnen.

Die Hauseigentümer sollten alle Sitz- und Brutplätze vollständig und tierschutzgerecht unzugänglich machen. Parallel dazu müssen die Taubenbeauftragten dafür sorgen, dass der Taubenschlag mit zugänglichen Brut- und Schlafplätzen attraktiv gemacht und gleichzeitig die Stadttauben an nicht gewünschten Plätzen fachmännisch und tierschutzgerecht vergrämt werden.

Die Stadt

Ein betreuter Taubenschlag ist im Interesse der öffentlichen Ordnung und im Sinne des Tierschutzgesetzes. Deshalb ist der wichtigste Partner eines Taubenprojektes die jeweilige Stadtverwaltung. Da die Städte als Betreiber von Anlagen mit fließendem Wasser die Taubenpopulation wesentlich fördern, sind sie mit in der Pflicht, sich an der Regulierung der Stadttaubenpopulation zu beteiligen.

Nachdem die Stadt meist ein Fütterungsverbot für Stadttauben erlassen hat, muss sie vorgesehene und betreute Fütterungsplätze ausweisen und genehmigen. Viele Städte übernehmen meist die Baukosten für ein Taubenhaus und treffen eine Betreuungsvereinbarung mit einem entsprechenden Verein. Meist wird ein jährlicher Zuschuss oder eine Aufwandsentschädigung dafür gewährt.

Schüler haben in Gruppenarbeit dieses Kotbrettchen für ihr örtliches Taubenhaus angefertigt.

Tierschutzverein

Ebenso liegt das Wohl der Tiere den örtlichen Tierschutzvereinen am Herzen. Falls nicht sogar extra ein Taubenverein hierfür gegründet wird, übernehmen wie in vielen Städten die Tierschutzvereine die Betreuung und Umsetzung des Stadttaubenprojekts, wozu Spenden gesammelt und Mitgliedsbeiträge dafür verwendet werden können.

Schulen und andere Einrichtungen

Es hat sich gezeigt, dass die Gesellschaft einem betreuten Taubenhaus allgemein eher positiv gegenüber steht, wenn die Betroffenen und Interessierten in das Stadttaubenprojekt eingebunden werden. Schulen, Jugendfarmen oder andere Gruppierungen wie vielleicht Vogelfreunde und Naturliebhaber leisten möglicherweise auch gern einen Beitrag für ein städtisches Taubenhaus, denn die Jugendlichen bekommen Gelegenheit, selbst aktiv zu werden, etwas über die Tiere in ihrer Stadt zu erfahren, ob im Rahmen des Biologieunterrichts oder als praktische Projektarbeit.

Beispiel der Aufgabenverteilung bei einem Stadttaubenprojekt

Projektleiter	**Taubenwart**
Stadttaubenmonitoring	Anfüttern/Eingewöhnung
Brutstätten auskundschaften	Brutplatz kontrollieren
Sammelplätze herausfinden (Hotspots)	Vergrämen außerhalb des Taubenhauses
Aufklärung Gemeinde/Vereine/ Personen	Futter/Wasser/Reinigung
Standortwahl	Brutkontrolle
Schlagfestlegung	Bestandskontrolle
Entwicklung beobachten	Behandlung/Pflege
Helfer koordinieren	Aufklärung direkt am Schlag

Tauben und Spatzen bilden eine Sozialgemeinschaft und ergänzen sich bei der Nahrungssuche.

Öffentlichkeitsarbeit

Toleranz und Akzeptanz des Taubenprojekts in der Bevölkerung wird durch Information und Aufklärung gefördert und es kann sich daraus sogar eine Unterstützung der Arbeit durch Spenden oder neue Mitglieder ergeben. Die Darstellung in der lokalen Presse spielt dabei ebenso eine Rolle wie die Kommunikation in den sozialen Netzwerken. Die Menschen entwickeln dann eine direkte oder indirekte persönliche Bindung zu der Unternehmung Taubenhaus.

Es hat sich gezeigt, dass Informationsmaterial dabei sehr wichtig ist. Falls beispielsweise ein Verein oder ein Schlagbetreuer selbst keinen eigenen Flyer oder Ähnliches erstellen kann, besteht die Möglichkeit, die Broschüre „Mensch und Stadttaube" über den Deutschen Tierschutzbund zu bestellen und zu verbreiten. Informationsmaterial kann Interessierten und Passanten in einer Flyerbox direkt am Taubenhaus angeboten werden.

Andere Vogelarten fördern

Die natürlichen Feinde der Tauben, Greifvögel etwa, tragen zum Gleichgewicht in Kreislauf des Lebens bei. Demzufolge sollte durch einen Taubenschlag nicht nur eine Vogelart unterstützt und gefördert werden, sondern die heimische Vogelwelt allgemein. Aus einem Taubenhaus ein „Vogelhaus" zu machen, indem Nistkästen mit verschiedenen Lochgrößen für die verschiedenen heimischen Singvogelarten angebracht werden, ist ein weiterer Beitrag, der Natur zu helfen.

Infos am Taubenschlag: Mit Flyern zum Mitnehmen und Tipps zum richtigen Verhalten erfahren Besucher und Interessierte mehr über die Tiere und das Taubenprojekt.

Gut zu wissen

Zugeflogene, verirrte oder gefundene Brieftauben sind an ihren zwei Ringen zu erkennen. Sie tragen einen fest geschlossenen Identifikationsring des Züchters mit Ringkennzeichen, Vereinsnummer, laufender Nummer und Jahrgang, sowie einen abnehmbaren Wettkampfring. Der Wettkampfring zeigt eine kleine Verdickung, die einen Computerchip enthält und das Konstatieren der Tiere beim Flugsport ermöglicht.

Brieftauben

Anders als Stadttauben sind Brieftauben keine herrenlosen Tiere. Vom Aussehen her können sie leicht für Stadttauben gehalten werden, tragen aber Fußringe. Damit lassen sie sich und oft auch ihren Besitzer identifizieren.

Falls der Züchter ausfindig gemacht werden kann, sollte man ihn über Aufenthalt und Zustand der Brieftaube in Kenntnis setzen. Seriöse Brieftaubenzüchter holen ihren Vogel selbst ab oder veranlassen die Abholung durch eine Vertrauensperson. Informationen gibt hierzu der Zugeflogenendienst des Verbandes Deutscher Brieftaubenzüchter.

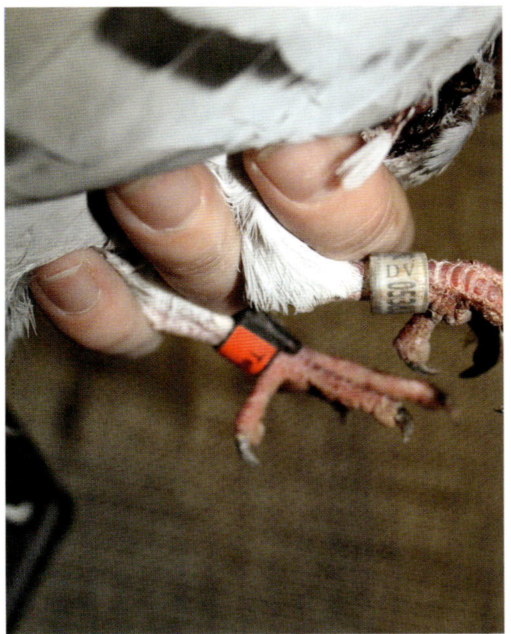

Brieftaube mit verschiedenen Ringen: grau, Identifikationsring des Züchters und schwarz, mit kleiner Verdickung, der Wettkampfring.

Mit Nistkästen lassen sich auch andere Vogelarten unterstützen, die mit Tauben eine Sozialgemeinschaft bilden.

Das Taubenhaus der Stadt Buchen. Für den Standort sprach hier die günstige Lage außerhalb der Innenstadt, das eigene Grundstück, gute Anflugmöglichkeit und die bereits bekannte Futterquelle am Agrarbetrieb.

Der Taubenschlag

Feste Taubenschläge für Stadttauben tragen viel zum Erfolg eines Stadttaubenprojekts bei. Wird es direkt an einem Tauben-Hotspot errichtet, ist es am einfachsten, eine kontrollierte Ansiedlung der Tauben zu erreichen. Dabei sollte die Umgebung mit berücksichtigt werden, denn sie beeinflusst entscheidend, welcher Haustyp an der Stelle im Frage kommt.

Auch anmerken möchte ich an dieser Stelle, dass selbst wenn sich die Stadttauben größtenteils im Schlag aufhalten, die Taubenpopulation sich dadurch nicht generell in Luft auflöst. Sie wird sich nach wie vor an diesem Standort aufhalten und von Passanten oder Geschäftsbetreibern meist weiterhin als mehr oder weniger lästig empfunden.

Zusätzlich werden durch Rundflüge des Schwarms weitere Stadttauben an diesen Standort gezogen, was zu einem indirekten Zuwachs führt. Die Tauben nutzen Nebengebäude zum Sonnenbaden, zum Sammeln und im ungünstigen Fall sogar zum Nisten.

Info

Das Ziel ist, den Tauben die günstigsten Lebensbedingungen dort zu bieten, wo sie nicht stören und ihnen umgekehrt die Stadt als einen Ort darzustellen, der ungünstig ist für die Erfüllung ihrer Bedürfnisse.

Ein wichtiger Baustein im Taubenmanagement

Der Taubenschlag ist die wichtigste Grundlage für weitere Schritte zur Reduktion der Population an diesem Ort. Der Austausch von Eiern in den Nestern, um die Zahl der Nachkommen zu verringern, ist ein weiterer Baustein, Fütterungsverbot und natürliche Vergrämung an Orten, wo die Tauben unerwünscht sind, sind die anderen Bausteine. Einzeln können alle das Problem nur bedingt lösen, im Zusammenspiel aber liegt der Erfolg.

Gleichzeitig sollte der Taubenschlag so konzipiert sein, dass eine Gefährdung zum Beispiel durch Vandalismus oder Tierquälerei ausgeschlossen ist. Hinweistafeln darauf, dass jede Handlung das Tierschutzgesetz sowie jede Beschädigung zur Anzeige gebracht werden, können den einen oder anderen zum Nachdenken bringen möglicherweise unerwünschte Verhaltensweisen verhindern.

Welcher Schlagtyp passt?

Es gibt verschiedene Varianten von Taubenschlägen mit jeweils bestimmten Vor- und Nachteilen. Diese werden im Folgenden bei den einzelnen Beschreibungen erläutert, um beim Start eines Taubenprojektes die Entscheidung, welcher Schlagtyp sich für die örtliche Situation am besten eignet, zu erleichtern.

Gut zu wissen

Betrachtet man die Hauptbedürfnisse der Tauben, das Vorhandensein von Nistplätzen sowie Wasser- und Futterquellen, so muss ein Taubenhaus oder Schlag all das bieten, woran es den Stadttauben an diesem Ort mangelt oder was ihnen fehlt.

Das Taubenhaus

Wurde durch das Stadttaubenmonitoring ein passender, fester Standort ermittelt, und ist gesichert, dass dieser auf längere Zeit auch erhalten bleiben kann, dann eignet sich am besten dazu das Taubenhaus. Sollte die Kapazitätsgrenze einmal erreicht sein, erlaubt es die Bauweise des Hauses, bei genügend Platz, nach den Seiten zu erweitern oder zusätzlich eine Voliere aufzustellen. So können die Vögel ihr gewohntes Flugverhalten beibehalten.

Die große Rückwand im Innern eines Taubenhauses lässt sich beliebig mit Nistschalen bestücken, um damit den Vögeln die Wahl ihrer Brutzelle selbst zu überlassen. Dabei sind Hackordnung und Prägung der Vögel maßgebend.

Ausrichtung

Die Ein-/Ausflugkästen sollten in Richtung Osten beziehungsweise Südosten ausgerichtet sein. Die Morgen- und Vormittagssonne aus dieser Richtung fördert das Wohlbefinden der Stadttauben und dient ihnen zum Aufwärmen oder Trocknen des Gefieders.

An- und Abflug, Ein- und Ausflug

Eine direkte und freie Anflugmöglichkeit gibt den Tauben einen guten Überblick über mögliche Gefahren von oben und unten. Wenn beispielsweise der Taubenwart das Taubenhaus betritt oder einfach Interessierte in das Beobachtungsfenster schauen, können die dadurch in Hektik geratenen Tauben leicht aus- und abfliegen.

Zuerst wird auf dem vorher gebauten Fundament das Rahmenwerk aus Kanthölzern erstellt.

Darauf wird die Außenverkleidung aus Nut- und Federbrettern aufgebracht.

Schließlich versäubert man die Öffnungen und setzt das Dach auf.

Hier sind die verschließbaren Einflüge installiert und die Brutzellen an der inneren Rückwand eingebaut.

Einflugöffnungen mit Landefläche im oberen Bereich nehmen die Stadttauben bevorzugt an. Dort ist genügend Platz, es gibt kein Gedränge, wenn ein ganzer Schwarm auf einmal landet und die Landefläche dient gleichzeitig als Aufenthaltsort beim Sonnenbaden.

Es sollten mehrere oder in der Mitte geteilte Einflugkästen verwendet werden. Dann haben die Tauben einen alternativen Einflug, falls ein dominanter, balzender Täuber beim Treiben ein Einflugloch für sich beansprucht.

Info

Die Ein-/Ausflugkästen sollten von außen verschließbar sein. Dann können bei geschlossenem Schlag falls nötig, im Inneren Tauben eingefangen werden.

Inneneinrichtung

Damit ein direktes und schnelles Ein- und Ausfliegen sowie Landen möglich ist, sollten im Inneren des Taubenhauses die Brut- oder Nistparzellen in Flucht von der Einflugöffnungen, also an der Rückwand,

Durch Deckenhalterungen kann der Sitzstangenverlauf mehrmals unterbrochen werden, sodass schwächere Vögel in gleicher Höhe sitzen können. Gut zu sehen sind die Brutzellen mit Nistschalen aus Ton, die Kotbrettchen an der Wand links, die gute Ausleuchtung durch Fenster und den direkten Ausflug nach oben.

Taubenturm, der zum Taubenmanagement im Park einer Großstadt steht. Die Tauben auf dem Dach signalisieren, dass der Turm überbesiedelt ist.

liegen. Eine oder mehrere runde Sitzstangen, von der Decke hängend, bieten den Vögeln zusätzlich viel Sitzmöglichkeit und dies nicht nur am Rand sondern auch in der Mitte des Taubenhauses. Die Sitzstangen sollten nicht am Stangenende befestigt werden, denn dann würden ein dominanter Vogel die komplette Stange für sich beanspruchen (siehe Foto Seite 62 und 64).)

Betreuung
Das Taubenhaus hat einen ebenerdigen Zugang. Dies erleichtert die Arbeit des Taubenwarts etwa bei der Anlieferung von Futter und Wasser, der Betreuung der Nester sowie der Reinigung. Durch seine Bauweise bietet es genügend Raum für die vielfältigen Entfaltungsmöglichkeiten der Vögel, gleichzeitig aber auch Platz zur Lagerung von Utensilien und Vorräten.

Der Taubenturm

Noch heute gibt es meistens gemauerte Taubentürme an Schlössern oder Burgen aus dem 17. bis 19. Jahrhundert. Heutige Taubentürme werden eher aus Holz und nicht aus Stein gebaut. Die Taubenhaltung in einem turmförmigen Schlag wurde vor allem für Brieftauben genutzt, um die Standorttreue der Vögel besser zu prägen und ihnen gleichzeitig höher gelegene Anflugmöglichkeiten zu bieten.

Kapazität
Im Gegensatz zum Brieftaubenhalter, bei dem sich die Schwarmgröße nach der Turmkapazität richtet, eignet sich diese Haltungsform für Stadttauben nur bedingt. Im Turm ist die Anzahl Nistplätze grundsätzlich sehr begrenzt.

Gut zu wissen

Bei jedem Stadttaubenprojekt soll die größtmögliche Anzahl an Tauben angesiedelt werden. In einem Taubenturm findet immer nur ein Teil eines Schwarmes Platz. Stärkere Paare können sich einen Brutplatz erkämpfen, schwächere Vögel müssen dann, um weiterhin bei ihrem Schwarm zu bleiben, an umliegende Gebäude ausweichen.

Unterhalt
Obwohl deutlich kostenintensiver als ein Taubenhaus oder Gebäudeschlag, eignet sich der Taubenturm für Standorte, an denen Platzmangel besteht und wo sich der Schlag ästhetisch in das Umfeld einfügen soll. Eine Grasfläche als Untergrund ist dabei von Vorteil, damit der Taubenkot, durch den sich die Vögel beim Losfliegen erleichtern, nicht den Fußgängerbereich verunreinigt.

Betreuung
Futter und Wasser müssen entweder auf einer schmalen Leiter oder Treppe auf den Turm getragen werden, der angefallene Kot nach unten. Ein Taubenturm bietet innen wenig Platz für die Reinigung. All dies erschwert die Arbeit der Betreuer und erhöht die Unfallgefahr, verglichen mit den anderen Schlagtypen.

Der Gebäudeschlag

Einigen Städte oder Tierschutzvereine, die ein Stadttaubenprojekt ins Leben gerufen haben, nutzen ein leerstehendes Wohngebäude, das Dach eines historischen oder öffentlichen Gebäudes oder sogar einen Kirchturm, um einen Taubenschlag einzurichten. Diese Art der Ansiedlung von Tauben eignet sich besonders an Stellen, die bereits Stadttauben-Hotspots sind. Es muss ihnen lediglich ein Nistplatz vor Ort angeboten werden, die Örtlichkeit kennen die Stadttauben ja bestens.

Der große Bonus beim Gebäudeschlag ist das üppige Raumangebot, das den Tauben vielfältige Entfaltungsmöglichkeit lässt. Ihr Flugverhalten wird in keiner Weise eingeschränkt, die Nistzellen können variabel angebracht und bestückt werden.

Einrichtung
Ähnlich wie bei einem Taubenhaus sollten mehrere Einflugmöglichkeiten vorhanden sein. Ist im Gebäude nur ein Einflugloch vorhanden, dann muss es durch eine Strebe geteilt werden, damit ein dominanter Täuber das Einfluglog nicht vollständig für sich beanspruchen kann. Die Strebe hält zusätzlich größere Vögel wie Krähen oder Greifvögel ab, die sich gelegentlich in Gebäuden oder Dachstühlen aufhalten.

Keine Taube sitzt gerne in einer dunklen Höhle. Weitere natürliche Lichteinfallstellen sollten daher vorhanden sein. Außerdem erleichtert eine zusätzlich installierte elektrische Lichtquelle das Reinigen und die sonstigen Betreuungstätigkeiten (siehe Ausstattung, Beleuchtung Seite 63).

Betreuung
Wie beim Taubenturm müssen Futter und Wasser ins Gebäude gebracht und der Taubenkot entsorgt werden. Falls keine Außentreppe vorhanden ist, ist dies alles über das Treppenhaus zu erledigen. Daher sollte der Bodenbelag im Schlag so gewählt werden, dass er leicht zu Reinigen ist und dass keinerlei Schmutz in die unteren Stockwerke getragen wird (siehe Bodenbelag, Seite 61).

Risiken beim Gebäudeschlag

- Ein Nachteil beim Gebäudeschlag kann am Standort an sich liegen, der sich in der Regel direkt in der Innenstadt an den Tauben-Hotspots befindet.
- Ist der Schlag zu klein, führt dies zur Nebenansiedlung an Nachbargebäuden.
- Dasselbe geschieht, wenn neue Pärchen den Schlag als unfruchtbar kennenlernen, weil die Eier immer rigoros ausgetauscht werden.
- Die größte Gefahr aber besteht darin, dass der Schlag nur als sichere Futterquelle angeflogen wird und an den Nebengebäuden erfolgreich ausgebrütet wird.
- Unerfahrene Schlagbetreuer freuen sich über steigenden Zuwachs im Schlag, erkennen aber nicht, dass es sich um Jungvögel aus der Nachbarschaft handelt, womöglich sogar von solchen Pärchen, die keine erfolgreiche Brut im Gebäude erleben durften.

Das Risiko, eine Taubenpopulation zu fördern, statt zu dezimieren, ist mit einem Taubenschlag in einem Gebäude relativ groß. Die Nachbargebäude haben meist eine ähnliche Höhe und bieten sich als Brutplatz an. Die Stadttauben erhalten die Botschaft, dass sich Häuser generell als Brutplatz eignen, besonders wenn sie eine Dachöffnung oder einen Balkon haben.

Sehr gut als mobiler Taubenschlag eignet sich ein Bauwagen mit an den Fenstern angebrachten, von außen verschließbaren Einflugkästen. Entspricht er der Straßenverkehrsordnung und ist zugelassen, kann er im Straßenverkehr bewegt werden.

Der mobile Taubenschlag

Gibt es keine Möglichkeit, Taubenhaus, Taubenturm oder Gebäudeschlag fest zu errichten, bietet ein mobiler Taubenschlag die Möglichkeit, tierschutzgerecht und kurzzeitig die Taubenpopulation vor Ort zu reduzieren oder mittelfristig zu verlagern. Auch als „Taubenhaus auf Probe“ lässt sich damit herausfinden, ob eine Standort für ein festes Taubenhauses überhaupt geeignet wäre.

Einen Taubenschwarm komplett verlagern

Mit einem mobilen Schlag kann ein ganzer Taubenschwarm an einen neuen Standort verlagert werden, ohne dass die Vögel dafür einzeln eingefangen werden müssen.

- Zuerst muss der mobile Schlag an den Tauben-Hotspot gestellt und die Tauben darin solange mit Futter und Wasser versorgt und betreut werden, bis sich der Schwarm darin niedergelassen hat.
- Jedes Pärchen, das sich darin niederlässt und über Nacht im Schlag bleibt, signalisiert, dass es keine Nestlinge woanders hat. Sonst würde es den mobilen Taubenschlag nur tagsüber als Futterstelle aufsuchen.
- Finden sich neue Pärchen im Schlag, können sie weiterhin zusammenbleiben und ihre bezogenen Brutplätze beibehalten.
- Nach dem Umzug an den neuen Standort brauchen die Tauben eine Orientierungszeit, um sich den neuen Standort einzuprägen. In dieser Zeit bleibt der Ausflugkasten in der Regel 14 bis 21 Tage verschlossen.
- In dieser Zeit werden die Tauben durch den gewohnten Schlagbetreuer weiter mit Wasser und Futter versorgt. Das Wohlbefinden der Vögel muss hierbei im Vordergrund stehen und an der Brutaktivität der Stadttauben erkennt der Betreuer, ob dies auch der Fall ist.

- Nach Eingewöhnungsphase empfiehlt es sich, die Ein-/Ausflugkästen bei Dunkelheit und so geräuscharm wie möglich von außen zu öffnen. In der Nacht befinden sich die Vögel in der Ruhezeit und schrecken so am wenigstens auf. Dies ist wichtig, damit die Vögel erst am kommenden Morgen ihre Freiheit von alleine und auch einzeln entdecken können.

Können die Tauben aus eigenem Willen und vor allem in aller Ruhe ausfliegen, werden sie sich die Örtlichkeit auf natürliche Weise einprägen. Werden sie dagegen beim Ausfliegen erschreckt und fliehen, fehlt ihnen die Zeit für die Einprägung des Standorts (siehe Gebäudeprägung und Standorttreue, Seite 27). Die negativen Folgen wären dann entweder ein Rückflug an den alten Standort oder verirrte Tauben.

Der Containerschlag

Oft fehlt es Vereinen oder Taubenbetreuern an handwerklichem Geschick oder finanziellen Mitteln, ein Taubenhaus selbst zu konzipieren und zu bauen. Hier kann ein Containerschlag die Lösung sein.

So halten sich die finanziellen Aufwendungen in Grenzen und kompensieren die fehlende Eigenleistung. Gebrauchte Container liegen oft unter dem Preis eines Taubenhauses aus massivem Holz und ist eine gute Möglichkeit um günstiger zum Ziel zu kommen.

Auch bietet der Containerschlag die Möglichkeit zur Anpassung der Schlaggröße an die spätere, gewachsene Population, ganz nach dem Motto: „Wir fangen erstmal klein und einfach an“. Ein Container hat keine Bodenplatte und somit keine feste Verbindung zum Untergrund. Er kann leicht woanders aufgestellt werden, etwa wenn sich die Örtlichkeit oder Umgebung baubedingt ändert oder der Schlag nicht erfolgreich angenommen wurde.

Variable Möglichkeiten

Containerschläge können aus gebrauchten, wärmeisolierten Wohn- oder Bürocontainern oder Lagercontainern mit einer 2 bis 3 mm starken Stahlwand bestehen. Oft verfügen sie sogar über Strom- und Wasseranschlüsse und sanitäre Einrichtungen, die nur an das öffentliche Netz angeschlossen werden müssen.

Container sind schnell verfügbar und können im Innenraum individuell bestückt und ausgestaltet werden. Die hartlackierten Seitenoberflächen sind hygienischer und leichter zu reinigen als zum Beispiel Holzwände. Durch entsprechende Gestaltung fügen sich die Schlagcontainer gut und unauffällig in einen Innenstadtbereich ein, ohne dass ein „Gartenhaus“-Eindruck entsteht.

Manche Container haben sogar ein offenes Dach und können, um einen Ein-/Ausflug von oben zu ermöglichen, mit einem Satteldach

Container eigenen sich gut als Taubenschlag und können individuell ausgestattet und erweitert werden.

versehen werden. Andernfalls kann ein Fenster mit einem Ein-/Ausflugkasten bestückt werden.

Die Container sind von der Statik so konzipiert, dass sie aufeinander gestellt werden können. Der obere könnte dann als Taubenschlag, der untere als Quarantäne-, Futter- oder Lagerraum gestaltet und genutzt werden. Die andere Möglichkeit wäre, die Container neben einander zu stellen und so zu erweitern.

Im Schlag sollten die Tauben alles Notwendige vorfinden, was sie brauchen, um ihre natürlichen Verhaltensweisen auszuleben.

Ausstattung für Schläge

Dank der Erfahrung und Findigkeit der Brief- und Ziertaubenzüchter in Bezug auf die Ausrüstungsutensilien gibt es eine sehr große und gute Auswahl an Produkten im Handel. Für die Koordinatoren und Helfer bei Stadttaubenprojekten kann es außerdem sehr lohnenswert sein, sich mit Hobbytaubenzüchtern zu treffen, sich Tipps geben zu lassen und die ganzen praktischen Möglichkeiten kennenzulernen, die sich in der Hobbytaubenhaltung schon lange bewährt haben.

Wasserquellen

In jedem Taubenschlag muss immer sauberes Wasser verfügbar sein, besonders auch bei Frost im Winter. Es gibt spezielle Taubentränken aus Kunststoff mit abnehmbarem Deckel. So wird das Wasser nicht von oben durch Taubenkot verschmutzt. Gleichzeitig sind sie für verschiedene Schlagstärken in unterschiedlichen Größen erhältlich. Damit mehrere Tiere gleichzeitig trinken können, aber ohne dass Gedränge entsteht, ist es sinnvoll, mehrere Taubentränken zu verwenden und an verschiedenen Stellen, etwa an jeder Seite der Futterkrippe aufzustellen.

Badestelle

An besonders heißen Tagen sollte den Tieren eine Bademöglichkeit angeboten werden. Dies kann eine wassergefüllte einfache, flache Wanne sein. Aus hygienischen Gründen muss das Wasser regelmäßig ausgetauscht und die Gefäße gereinigt werden.

Ein sogenannter Kaskadenbrunnen mit Solarbetrieb wäre auch eine Lösung. Er hat den Vorteil, dass bei Sonnenschein das Wasser umgewälzt und dabei nicht so schnell schlecht wird. Außerdem baden die Tauben gerne unter einem kleinen Wasserfall.

Futterspender und Tränke sollten so aufgestellt werden, dass alle Tauben leichten Zugang haben.

Futterspender

Durch artgerechtes und sauberes Körnerfutter beugen wir Krankheiten im Taubenschlag vor, fördern Vitalität und Widerstandsfähigkeit der Tauben auf natürliche Weise. Eine ausgewachsene Stadttaube benötigt etwa 30 bis 40 g Körnerfutter am Tag. Die Futtermenge sollte so bemessen sein, dass sie nach etwa zehn Minuten vollständig aufgebraucht ist. Natürlich sollte die Gesamtfuttermenge, die im Taubenhaus zur Verfügung gestellt wird, der Größe der Population entsprechen. Wie bei der Taubentränke empfiehlt es sich, gegen Verschmutzung Futterkrippen mit Deckel zu verwenden.

Auch Obst und Gemüse darf angeboten werden. Dies kann in glasierten Tonschalen gegeben, die sich mit Wasser gut reinigen lassen.

Im Taubenschlag haben sich Futterkrippen mit Abdeckung bewährt, weil das Futter dabei weniger verschmutzt wird.

Brut- und Nistplätze

Die Tauben sind, was ihre Brut- oder Nistplätze angeht, eher puristisch eingestellt. Wo manche Singvögel beim Nistplatzbau wahre Kunstwerke erstellen, gibt sich die Taube mit ein paar kleinen Ästchen oder einer schlichten Brutschale zufrieden. Damit die Eier gut liegen, die Nestlinge eine räumliche Begrenzung haben und nicht im Kot sitzen, bieten sich Nistschalen aus Kunststoff oder Pappe an. Dies erleichtert auch das Reinigen der Nistzelle, ohne das Nest zu beschädigen.

Eieraustausch

Der Eieraustausch ist eine der wichtigsten Aufgaben in einem Schlag und muss mit Bedacht durchgeführt werden. Hatte ein neues oder junges Pärchen noch nie eine erfolgreiche Brut im Schlag, wird es nach ein paar durch Eieraustausch fruchtlos gemachte Versuche das Taubenhaus wieder verlassen und sein Glück in der Nähe probieren. Es ist wichtig zu wissen, dass es mit den ersten Bruten seine Standorttreue aufbaut.

Kommt eine unkontrollierte fruchtvolle Randbesiedlung mit schwachen oder kranken Vögeln zustande, wird der auf natürlicher Weise entstandene gesunde Schwarm nach einer gewissen Zeit durch schwache oder kranke Vögel unterwandert und im Ganzen geschwächt.

Magnetschwarm

Durch unbedachten Eieraustausch im Taubenschlag werden gesunde und starke Vögel in ihrer gesunden Entwicklung gehemmt. Dieser Eingriff ist gegen die Natur. Um einen gesunden und widerstandsfähigen Magnetschwarm zu erhalten, ist es anzuraten, **eine** erfolgreiche Brut im Jahr pro Pärchen, im Wechsel mit anderen Pärchen zuzulassen (siehe Nistverhalten Seite 26).

Ersatzeier

Die Eier, die anstelle der natürlich gelegten Taubeneier in ein Nest gelegt werden, können aus Kunststoff oder aus Gips sein. Kunststoffeier können mit etwas Sand, auf ein Gewicht von rund 15 g befüllt werden. Dies entspricht dem Gewicht eines 7 bis 10 Tage alten echten Eis. Gipseier haben das richtige Gewicht. Die Ersatzeier müssen vor dem Austausch in der Hand etwas angewärmt werden, damit die Tauben die Eier nicht ablehnen. Sie erkennen unter anderem an der Temperatur, ob ein Ei noch bebrütet werden kann oder aus natürlichen Gründen, etwa weil unbefruchtet oder mit missgebildetem Embyo, nicht mehr lebensfähig ist.

Info

Sitzregale wie Brieftaubenzüchter sie häufig verwenden, würden zwar weniger Platz brauchen. Bei ihnen fällt aber der Kot nach hinten an die Wand, was die Reinigung des Schlags erschwert.

Ruheplätze

Die Stadttauben verbringen ihren Hauptaufenthalt im Schlag und hinterlassen vor allem beim Ruhen und zur Gewichtsreduktion beim Losfliegen ihren Kot. Um zusätzlich zu den Sitzstangen genügend Ruheplätze zu schaffen, kann man im Schlag die Seitenwände nutzen und dort Kotbrettchen, auch Sitzreiter oder Sitzbrettchen genannt, anbringen. Diese haben eine A-Form, wobei die schrägen seitlichen Bretter verhindern, dass der Kot direkt auf den Boden oder darunter sitzende Vögel fällt.

Tauben lassen sich durch Kunststoffeier nicht davon abhalten, ihr natürliches Brutverhalten auszuleben.

Bodenbelag

In häuslicher Haltung wird zum Beispiel bei Sittichen oder Papageien gern in den Käfigen oder Volieren als Bodenschicht Vogelsand verwendet. Für Stadttauben ist gewöhnlicher Sand, der gleichmäßig auf dem Boden des Taubenhauses verteilt wird, ausreichend. Bei Schlägen in Gebäuden, im Taubenturm und in mobilen Taubenhäusern kann ebenfalls Sand in geringem Umfang verwendet werden. Sand

Um weitere Sitzplätze im Schlag zu schaffen, können die Seitenwände individuell mit Kotbrettchen bestückt werden.

hemmt nicht nur die Keimbildung sondern ist auch extrem saugfähig und bindet den Kot. Die Säuberung des Bodens geschieht am besten mit einem Laubrechen.

Sandbad und Grit

Extra in einem Kübel abgefüllter Sand schafft für Tauben eine weitere Möglichkeit zum Sandbaden. Dies ist gut für die Pflege von Haut und Federn. Am wichtigsten ist jedoch der darin enthaltene Muschelgrit. Er unterstützt die natürliche Verdauung und optimiert die Nahrungsverwertung. Die kleinen und kantigen Partikel, auch Magenkiesel oder Magensteinchen genannt, brauchen Vögel, um die Saatkörner in ihrem Muskelmagen zu zerkleinern. Da Magenkiesel bei der normalen Verdauung ausgeschieden werden, sollte man Stadttauben regelmäßig Magenkiesel in Form von Sand anbieten. Auch die enthaltenen Mineralstoffe sorgen für einen stabilen Knochenbau und eine gute Federbildung.

Gut zu wissen

Trotz ihrer guten Saugfähigkeit wird von Sägespänen als Einstreu abgeraten. Sie sind an sich sehr trocken und neigen zur Staubbildung. Jedesmal wenn eine Taube darauf landet, werden die Späne aufgewirbelt und setzen sich im Gefieder fest. Die unangenehmen Folgen für die Tauben sind Holzspreißel im Gefieder und damit verursachte Juckreiz.

Beleuchtung

Jede Störung der Tauben im Schlag, das heißt, jeder wenn auch noch so ruhige Zugang in der Dunkelheit, sollte vermieden werden. Er käme einer natürlichen Vergrämung gleich. Einer frisch zugeflogenen Stadttaube würde damit das Gefühl vermittelt, dieser Ruheplatz sei unsicher.

Bei Schlägen ohne Stromversorgung ist Solar-LED-Beleuchtung zu empfehlen. Die Solarzelle lädt einen Akku bei Sonnenstrahlen auf und ermöglicht, das Licht bei Bedarf anzuschalten.

Sandboden bindet schnell den Kot und erleichtert die Bodenreinigung. Im Sandkübel können die Tauben ein Sandbad nehmen. Den im Sand enthaltenen Muschelgrit nutzen sie als Magensteinchen.

Ausnahme: Taschenlampe

Eine kurzzeitige, ruhige und punktuelle Ausleuchtung mit einer LED-Taschenlampe durch ein Außenfenster, um die niedergelassenen Stadttauben zu zählen, stört sie für gewöhnlich nicht.

Lichtbedarf der Tauben

Grundsätzlich wird im Schlag, vor allem, wenn er natürlichen Lichteinfall durch Ein- und Ausflüge sowie Fenster hat, nicht viel künstliches Licht benötigt. Manche Schläge verfügen über eine Stromversorgung. In einem auch tagsüber dunklen Schlag kann dann eine Innenbeleuchtung mit speziellen Leuchtstoffröhren für Vögel (Vogellicht – Bird Lamp) installiert werden. Damit erhalten die Stadttauben ein nahezu natürliches UV-Licht im Raum. Normale Leuchtstoffröhren sollten nicht verwendet werden, weil sie keinen UV-Anteil im Licht haben.

Bei Leuchtstoffröhren für Vögel muss ein elektronisches Vorschaltgerät verwendet werden. Der Energiespareffekt bei Leuchtstoffröhren mit normalem Starter wird dadurch erzielt, dass sie sich mehrfach in der Sekunde an- und ausschalten. Dies ist für das menschliche Auge nicht sichtbar. Vom Vogelauge aber wird das Ein- und Ausschalten wie ein Dauerblitzlicht wahrgenommen. Das Vorschaltgerät kompensiert diesen Effekt und sorgt für einen gleichmäßigen Lichtausstoß.

Als Alternative zu den Leuchtstoffröhren gibt es Vogellicht auch als Energiesparlampen die in jede E27-Fassung eingesetzt werden können. Bei diesen Lampen ist das Vorschaltgerät integriert.

Info

Vögel sehen den UV-Anteil im natürlichen Sonnenlichts, im Gegensatz zu uns Menschen. Das UV-Licht beeinflusst ihr Wohlbefinden sowie die Fortpflanzung und die Nahrungsaufnahme.

Gerätschaften und Zubehör

Für die regelmäßige Versorgung und Kontrolle sollten im Schlag einige Utensilien vorhanden sein. Das erleichtert die Routinen und die Betreuer sparen damit auch Zeit. Das heißt, sie können zügig arbeiten, und es bleibt ihnen etwas mehr Zeit, die Kolonie und ihren Zustand zu beobachten.

Für die Schlagreinigung braucht man

- Spachtel um Kot abzukratzen
- Drucksprüher zur Desinfektion & Reinigung
- Handschaufel & -besen
- Stielbesen
- Gartenrechen verstellbar (Sandboden)
- Klappleiter (entfällt beim Taubenturm)
- Einweghandschuhe, Mundschutz, Schutzkleidung
- Wasserkanister, Futtereimer/-sack

Die Taschenlampe muss punktuelle Ausleuchtung gewährleisten, denn bei direktem Anleuchten wird die Taube geblendet. Dabei bleibt sie ruhig sitzen. So können die Tauben nacheinander durchgezählt werden.

Voliere oder Quarantäneraum

Als Pflichtausstattung gehört mindestens eine Voliere in einen Taubenschlag. Sie wird in verschiedenen Fällen zur Sonderversorgung von Tauben gebraucht. Jede verletzte Taube, Nestlinge oder Fremdzugänge zur Eingewöhnung benötigen eine besondere Fürsorge und müssen separat betreut werden können. Auch ein separater Quarantäneraum wäre ideal, etwa für Neuzugänge. Doch dazu ist eventuell nur in einem Gebäudeschlag genügend Platz vorhanden.

Thermokomposter helfen den Taubenkot biologisch abzubauen. Außerdem locken Sie Mäuse und Ratten an und halten sie so vom Inneren des Schlags und von den Futtervorräten fern.

Thermokomposter

Nachdem sich die niedergelassenen Stadttauben hauptsächlich im Schlag aufhalten, fällt der Taubenmist ebenfalls dort an. Unter den Gartenfreunden gilt Taubenmist als wertvoller Dünger. Empfohlen wird den Taubenmist zu kompostieren und dann erst im Garten zu verwenden, denn frisch ist er zu „scharf" für die Pflanzen.

Taubenmist aus einem mit Sand eingestreuten Taubenhaus kann durch Kompostierung in guten Gartendünger umgewandelt werden. Besonders schnell geht das mit dem Thermokomposter. Hinter manchem Taubenhaus ist vielleicht Platz dafür und der Taubenkot kann direkt an Ort und Stelle verwertet und eventuell an Hobbygärtner abgegeben werden, ohne dass man ihn abtransportieren und über Hausmüll oder Biotonne entsorgen muss.

Auch ein Vorteil der Stadt für die Tauben: Sonnenbaden auf den warmen Platten in der Fußgängerzone.

Taubenpopulationen umsiedeln

Um Taubenansammlungen in der Stadt zu Plätzen umzulenken, wo sie bessere Lebensbedingungen finden, besser kontrollierbar sind und niemand stören, muss ihnen an ihren bisherigen Plätzen die ideale Futter-, Wasser- und Brutgrundlage entzogen werden, etwa durch Fütterungsverbote und dadurch, dass ihre Schlaf- und Brutplätze vollständig unzugänglich gemacht werden. Weitere Maßnahmen sind Vergrämung und das Einfangen von Tauben.

Gut zu wissen

Vorsätzliche Tötung oder Verletzung von Stadttauben sind keine Vergrämung und verstoßen gegen das Tierschutzgesetz. Derartige Bekämpfungsmethoden führen nur zur Verjüngung der Population. Solange sich für die Stadttauben die Lebensbedingungen nicht ändern und generell günstig sind, ist es nur eine Frage der Zeit bis, die Population sich an diesen Standort wieder neu entwickelt

Vergrämung

Vergrämung auf natürliche Weise heißt, eine Stadttaubenpopulation dauerhaft von ihren bisherigen Ansiedlungen zu verscheuchen. Die Tauben sollen dazu gezwungen werden, sich alternativ an einem oder mehreren kontrollierten Standorten niederzulassen. Ohne Alternativstellen wie Taubenhäuser, Gebäudeschläge oder Taubentürme führt die Vergrämung nur dazu, dass sich die Population zerstreut oder verlagert.

Vergrämt wird, indem man die Tauben an ihren Standorten tagsüber immer wieder und zu unterschiedlichen Zeiten von ihren Sitzplät-

Nachts ist die Vergrämung von Tauben am wirkungsvollsten.

zen verscheucht. Am effektivsten ist das Vergrämen jedoch nachts, weil dann die Tauben den Platz als gefährlich wahrnehmen. Kennen die Tauben einen Taubenschlag bereits, werden sie nach einer Vergrämung diesen gerne wieder anfliegen.

Um zu verhindern, dass Einzelvögel oder gar ganze Schwärme rückwandern, sollten die bisherigen Plätze weiter beobachtet und wenn nötig, dort regelmäßig nachts vergrämt werden.

Tauben einfangen

Leicht einfangen lassen sich schwache und kranke Tiere. Oft sind es Brieftauben, die erschöpft in einer Stadt gestrandet sind und nun mit letzter Kraft zu Fuß unterwegs sind, um Futter zu finden. Ähnliches Verhalten haben kranke Stadttauben, nur dass bei ihnen meistens das Gefieder etwas verschmutzt, fettig, zerknittert oder aufgeplustert aussieht. Diese Vögel lassen sich ohne viel Gegenwehr mit einem Tuch oder Kescher ergreifen.

Gesunde Tauben haben eine schnelle Wahrnehmung und gute Reaktionen, können sogar die Bewegungen von Menschen einschätzen. Selbst Falken haben es nicht leicht mit ihnen. So müssen Taubenfreunde in die Trickkiste greifen, wen sie einem dieser Vögel habhaft werden wollen.

Fangen beim Füttern

Diese Variante bietet sich immer dann an, wenn man einzelne verletzte Tauben aus dem Schwarm einfangen möchte, weil sie zum Beispiel verschnürte Füße haben. Die Vormittagszeit ist dabei am besten geeignet, denn dann sind die Vögel aktiv auf Futtersuche.

Hierbei lockt man die Tauben zuerst durch gezieltes Auswerfen sehr kleiner Futtermengen in seine Nähe. Das Ganze sollte gleichmäßig und ohne hektische Bewegungen geschehen, damit die Tauben die Situation nicht als gefährlich einstufen.

Auch wenn die Tauben schon in „greifbarer" Nähe sind, bleibt man ruhig und gelassen und füttert weiter, als hätte man keine anderen Absichten außer dem Füttern. Ist die verletzte Stadttaube in Griffnähe, greift man blitzschnell und herzhaft aus der Fütterungsbewegung heraus zu.

Stark geschwächte und kranke Tauben, hier eine verletzte Brieftaube, lassen sich meist leicht einfangen.

Sitzt der erste Griff nicht, war es das. Der ganze Schwarm fliegt auf und spätestens nach zwei oder drei Fangversuchen, ob erfolgreich oder auch nicht, nehmen die Tauben den Fänger als gefährlich wahr. Dann werden sie das zugeworfene Futter nur noch aus sicherer Entfernung aufnehmen.

Mit der Fallkiste

Die Fallkiste ist eine altbewährte Methode um mehrere Stadttauben auf einmal einzufangen. Auch für diese Methode eignet sich die Vormit-

Das Prinzip bei der Fallkiste ist, Futter unter einer labil aufgestellten Box anzubieten und die Tauben daran zu gewöhnen, es sich zu holen und sich sicher dabei zu fühlen.

Nun geht man Schritt für Schritt vor:

- An der Stelle, wo später die Fallkiste aufgestellt wird, streut man etwas Futter und zwar ein bis zwei Tage lang. Dann kennen die Tauben den Platz und fliegen direkt an, wenn es Futter gibt.
- Dann legt man die Fallkiste mit dem schnurbewaffneten Stock auf. Die Schnur sollte dabei so lang sein, dass sich die Stadttauben sicher fühlen, selbst wenn der Fänger in Ruhe später am anderen Ende der Schnur verharrt.
- Nun wird unter der Fallkiste Futter angehäuft, um die Stadttauben dazu zu bringen, sich länger dort aufzuhalten und sich daran zu gewöhnen. Man überlässt die Futterstelle den Stadttauben und beobachtet sie aus sicherer Entfernung. Mit dem Ziehen an der Schnur, um die Kisten zu Fallen zu bringen, kann man sich noch Zeit lassen.
- Wenn die ersten zaghaften Futteraufnahmeversuche einer Stadttaube erfolgreich waren und sie sich dann sicher über das Futter hermacht, werden sich allmählich andere Tauben unter die Fallkiste trauen. Dabei ist es wichtig, den Tauben das Gefühl von etwas Ungefährlichem zu vermitteln.
- Erst wenn eine größere Anzahl von Stadttauben unter der Kiste ist, zieht man an der Schnur den Stock weg, die Kiste fällt und die Tauben sind in der Falle.

Info

Im Handel gibt es solche Fallen für allerlei Tierarten aus Metallgitter und mit Auslöser bestückt, was für das Taubenfangen eigentlich nicht nötig ist.

tagszeit am besten, wenn die Vögel auf Futtersuche sind. Der Vorteil ist, dass die Falle durch indirekte Auslösung zuschnappt und die Vögel denjenigen, der die Schnur gezogen hat, nicht mit dem Gefangenwerden in Verbindung bringen. Deshalb kann diese Fangmethode beliebig oft wiederholt werden.

Als Fangkiste kann man zum Beispiel einfach die untere Hälfte einer Bananenkiste oder eine Klappbox verwenden. Dazu braucht man noch einen Stock von etwa 25 cm Länge und eine, ein paar Meter lange Schnur. Die Kiste wird mit der offenen Seite nach unten schräg aufgestellt, indem der Stock sie in einer Ecke abstützt. Vorher wurde am bodennahen Ende des Stocks die Schnur befestigt.

Der Kescher wird in einer schnellen Bewegung über den Vogel vom Kopf in Richtung Schwanz gestülpt, etwa wie der Angler es beim Fischen macht. In entgegengesetzter Richtung würde die Taube einfach wieder herausfliegen.

Mit dem Kescher

Der Vorteil am Kescher ist, dass er in vielen Situationen benutzt werden kann, etwa um an

schwierigen Stellen oder bei verschiedenen Lichtverhältnissen, Vögel einzufangen. Besonders bei Dunkelheit lassen sich damit an den Schlafplätzen der Tauben gezielt einzelne Tiere leise herausfangen, ohne dass alle anderen aufgescheucht werden.

Um die Taube fangen zu können, darf sie beim Anfliegen den Lichtkegel nicht verlassen, sonst orientiert sie sich in der Dunkelheit neu.

Mit dem Lichtstrahl

In der Dunkelheit lassen sich Stadttauben mit etwas Geschick und Übung mit Hilfe eines Lichtstrahls einfangen, wie viele andere Vögel auch. Man verwendet dazu eine Taschenlampe mit einer großen Brennweite und einem stark gebündelten, schmalen Lichtkegel.

Wird die Taube damit für ein paar Sekunden direkt angeleuchtet, verharrt sie und bekommt eine Art „Tunnelblick“. Wenn man sie nun durch ein kurzes Geräusch erschreckt, fliegt sie auf und wird durch ihre Instinkte zum „Ausgang des Tunnels“, also gegen den Lichtstahl fliegen.

Ist die Taube dann in greifbarer Nähe, fängt man sie mit herzhaftem Griff direkt aus der Luft. Damit man beide Hände dafür frei hat, eignet sich beispielsweise eine Stirnlampe mit Kugelgelenk.

Gut zu wissen

Das Einfangen mit dem Lichtstrahl lässt sich auch gut mit der natürlichen Vergrämung bei Nacht kombinieren. Dann erhält der Vogel die Information, dass er sich an einem unsicheren Schlafplatz aufhält und wird diesen bei Wiederholung der Störung irgendwann ganz meiden.

An- und Umsiedeln in der Praxis

So unterschiedlich wie die Taubenschlagvarianten sind, mit denen die Populationen von den Hotspots weggelockt werden sollen, so gibt es auch ganz verschiedene Vorgehensweisen, die Vögel dazu zu bringen, ein Taubenhaus erfolgreich zu besetzen.

Eine Brutstelle umwandeln

Haben sich die Stadttauben bereits in einem alten Gebäude angesiedelt, ist die einfachste Lösung, diesen etablierten Brutplatz in einen betreuten Gebäudeschlag umzuwandeln. Voraussetzungen sind allerdings, dass die Stadttauben dort weiterhin geduldet werden, die Populationsgröße an diesem Standort verträglich ist, das Gebäude entsprechend ausgestattet ist und genutzt werden darf.

Gezielt an den Schlag locken

Soll für die Ansiedlung ein mobiler Taubenschlag benutzt oder ein Taubenturm errichtet werden, dann kann der Platz für die Stadttauben durch regelmäßiges Futter attraktiv gemacht werden. Dennoch sind viel Geduld und Feingefühl nötig, denn kein wilder oder verwilderter Vogel wird in einen Schlag gehen, wenn er sich dabei nicht wohl und absolut sicher fühlt. Man kann sich dabei das Hunger- und Durstgefühl, das die Stadttauben in die Stadt gelockt hat, zunutze machen, um die Vögel zu lenken und ihnen die Hemmungen zu nehmen.

Ist der Platz des mobilen Taubenschlags oder Taubenturms den Vögeln noch unbekannt, weil sie dort bisher kein Futter gefunden haben, dann muss man Ihnen etwas Hilfestellung leisten und den Weg zu diesen Platz zeigen. In den Wintermonaten geht das Anlocken mit Futter leichter. Vor allem bei Schnee herrscht Futtermangel und die Tauben nehmen jede Futterstelle gern an. Man befreit einfach die Futterstelle von Schnee und streut dort regelmäßig Futter aus. Die Sozialgemeinschaft der Vögel wird schnell verraten, wo eine „neue Futterstelle" zu finden ist und die Tauben folgen diesen Hinweisen ebenfalls. Eine solche Vorgehensweise funktioniert zu jeder Jahreszeit, nur etwas langsamer, wodurch etwas mehr Geduld nötig ist.

Info

Um nicht Mäuse oder Ratten mit anzulocken, sollte die Taubenlockfütterung tagsüber durchgeführt werden.

Gut zu wissen

Falls in der Stadt ein Fütterungsverbot gilt, sollten diese Lockfutterbereiche von der Stadtverwaltung aus dem Fütterungsverbot ausgenommen und als offizielle Futterstellen genehmigt werden. Damit der Taubenwart seine Fütterungsarbeit gezielt durchführen kann, kann man sich von der Stadtverwaltung eine Ausnahmegenehmigung erteilen lassen.

Fliegen Tauben einen Platz in der Nähe des neuen Schlags bereits an, wird zuerst dort regelmäßig Futter ausgestreut. Dann verlagert man die Fütterungsstelle immer mehr in Richtung des Schlages und schließlich in den Schlag hinein.

Umsiedeln

Um eingefangene Stadttauben an einem anderen Ort in einem neuen Schlag anzusiedeln, braucht man geschlechtsreife Tiere und Lockvögel. Als Lockvögel eignen sich Nestlinge oder Jungvögel, die beispielsweise bei Tierärzten oder Taubenvereinen abgegeben wurden. Nach erfolgreicher Genesung und Versorgung bis zur Selbständigkeit werden sie in den neuen Schlag gesetzt. Beim ihrem erstmaligen Ausfliegen erhalten sie automatisch die Gebäudeprägung für den neuen Schlag und werden immer wieder dahin zurückkehren.

Der neu zusammengesetzte Schwarm sollte mindestens 20 Tauben stark sein und mindestens drei bis fünf neue Pärchen bilden können. Die Vögel werden in ihrem neuen Schlag solange verschlossen gehalten und betreut, bis sich die ersten Paare gebildet haben und die ersten Eier gelegt werden. Sind die ersten zwei Nester mit Eiern bestückt, kann der Schlag wieder geöffnet werden.

Sicherlich wird die eine oder andere Taube an ihren alten Standort zurückfliegen. Pärchen und die jungen Tauben bleiben aber im neuen Schlag. Wenn man solange wartet, bis die Brut in einigen Nestern geschlüpft ist, hat man die wenigsten Abwanderungsverluste. Durch die Nestlinge wird die Standorttreue der Elternvögel aufgebaut und gefestigt.

Gut zu wissen

Bei mobilen Taubenhäusern, die an einen anderen Standort verbracht werden, ist die Vorgehensweise ähnlich. Auch hier bleiben die Stadttauben solange im verschlossenen Schlag, bis die Eiablage eingesetzt hat. Dann kann der Schlag geöffnet werden.

Bei der routinemäßigen Betreuung der Tauben im Schlag lassen sich auch immer wieder Problemfälle versorgen.

Betreuung und Kontrolle der Tauben

Es ist wichtig, den Tauben im Schlag ein Gefühl von Sicherheit und Gewohnheit zu vermitteln. Dazu gehört eine regelmäßige und kontinuierliche Betreuung und zwar tagsüber. Stadttauben sind Gewohnheitstiere, erkennen die Schlagbetreuer von weitem und können die jeweilige Situation genau einschätzen. Haben die Stadttauben den Turnus der Reinigung oder Futter- und Wasserversorgung kennengelernt, werden die Schlagbetreuer bereits beobachtet oder erwartet.

Fütterung

Regelmäßige Fütterung- sowie Reinigungszeiten sollten eingehalten werden und immer routiniert ablaufen. Abhängig von der Tageszeit verfolgen die Fütterungen unterschiedliche Ziele.

Es handelt sich bei den Morgen-, Mittags- oder Abendfütterungen nicht immer um die gleichen Tauben, sondern diejenigen, die um die jeweilige Tageszeit aktiv sind und die so auf unterschiedliche Weise beeinflusst werden können:

- Die Morgen- und Abendfütterung ist für bereits laufende Taubenschläge zu empfehlen, weil der Schwerpunkt in der Erhaltung des Schlagschwarms liegt.
- Die Mittagsfütterung ist für Taubenschläge gedacht, wo der Schwerpunkt in der Neuansiedlung beziehungsweise in der Paarbildung liegt, um die Niederlassung zu fördern.
- Bei der Abendfütterung darf die Futtermenge nur so groß sein, dass sie dem Bedarf der Vögel entspricht. Wird zuviel Futter gereicht und bleibt über Nacht liegen, dann zieht es Nagetiere wie Mäuse oder Ratten an. Dies gefährdet die Gesundheit der Vögel und auch das Futterlager im Schlag.

Einfluss der Fütterung auf die kontrollierte Taubenpopulation			
Tageszeit	**versorgt werden**	**Teil der Population**	**Folge**
Morgenfütterung	Elterntiere und Jungvögel	ausfliegender Schwarm/ Hauptschwarm	steigert Brutaktivität und Paarbildung durch bessere Versorgung
Mittagsfütterung	Täuberflüge, Leittierflüge mit Jungtieren und gestrandete Vögel	Restschwarm/Teilschwarm	begünstigt Neuansiedlung und Paarbildung
Abendfütterung	hungernde Vögel	Jungvögel, schwächere Altvögel oder kranke Vögel	zur Erhaltung und Stärkung des Teilschwarms

Gesunde Bestandsreduzierung durch Eierentnahme

In der Natur kommt eine gesunde Reduzierung auf einen verträglichen Bestand durch natürliche Feinde, Unfälle oder der normalen Altersentwicklung zustande. In der Stadt ist die Situation anders. Die Größe der Taubenpopulationen können nur mit kontrollierter Brutentwicklung erfolgreich gelenkt und reduziert werden.

Hierzu werden ein Großteil der Eier, die die Tauben im Schlag in ihre Nester legen, routinemäßig gegen Kunsteier ausgetauscht. Dabei sollte immer wieder eine erfolgreiche Brut zugelassen werden, um den Tauben nicht den Eindruck zu vermitteln, dass der Platz unfruchtbar ist und sie sich außerhalb des Schlages einen anderen Nistplatz suchen.

Um den Taubenbestand in größerem Umfang zu reduzieren, ist eine komplette Schlagauflösung an einer Stelle nur dann anzuraten, wenn die Bestände mehrerer Taubenschläge vereinigt werden können, weil die Kapazität der Schläge dies zulässt. Sonst wäre eine komplette Bestandsauflösung kontraproduktiv, denn dann müsste wieder eine neue Ansiedlung oder Eingewöhnung von Tauben durchgeführt werden, um den vakanten Taubenschlag in seiner Funktion zu erhalten.

Die Situation im Schlag im Auge behalten

Hat sich an den günstigen Lebensbedingungen für die Stadttauben nichts verändert und wurde ein richtiger Standort für einen Taubenschlag gewählt, an dem Stadttauben und Menschen ungestört nebeneinander leben können, dann sollte darauf geachtet werden, dass trotz Eieraustausch dennoch ein Mindestbestand von circa 15 bis 20 Vögeln erhalten bleibt.

Durch diese Vögel werden zum Beispiel neue zugeflogene Brief- oder Hochzeittauben mit in den Schlag gezogen und damit eine unkontrollierte Ansiedlung in der Umgebung verhindert. So muss eine Neuansiedlung nicht von vorne begonnen werden.

Das Ergebnis eines Eiertauschs an einer kontrollierten Brutstätte.

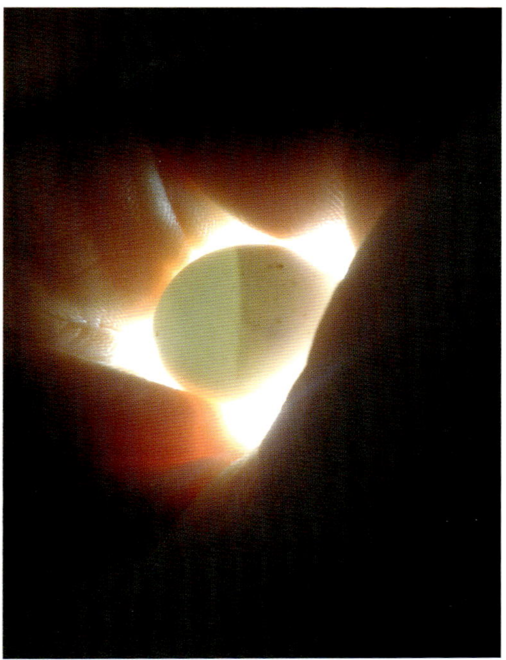

Mit einer Taschenlampe lässt sich das Ei durchleuchten um zu sehen, ob es befruchtet ist.

Schlagtauben auf naturgemäße Bedingungen umstellen

Hat sich der Taubenschlag entwickelt und die Eingewöhnung gefestigt, wird von „Vollpension" auf „Halbpension" umgestellt und die naturgemäße Haltung angestrebt. Dies unterstützt die Gesundheit der Tiere aus den folgenden Gründen:

Die Vögel haben ihren größten Energieverbrauch bei der Futtersuche und Jungvogelaufzucht. Das muss bei der Fütterung berücksichtigt werden.

Sitzen die Tauben aber hauptsächlich im Schlag, rundum üppig versorgt, so werden sie bequem und neigen dann zu Übergewicht. Erhalten die Tauben beispielsweise ihre Tagesdosis von 30 bis 40 g Futter im Schlag und fressen im Freien zusätzliches Futter, nehmen sie rasch an Gewicht zu, sofern sie nicht gerade brüten.

Im Extremfall leiden die Vögel schließlich sogar an Fettsucht. Dies kann bis zur totalen Flugunfähigkeit führen. Man erkennt gut oder auch überernährte Vögel daran, dass sich die sogenannte Brustbeinfurche ausbildet hat.

Gut zu wissen

Für die Gesundheit und Lebenstüchtigkeit der Vögel ist es wichtig, ihnen den Hauptteil der Futtersuche selbst zu überlassen. Im Schlag wird nur noch alle zwei Tage Futter angeboten, im Winter täglich eine Grundmenge. Zur natürlichen Haltung gehören auch immer sauberes Wasser und Nistmöglichkeiten im Schlag.

Das Ziel eines Projekts zum Stadttaubenmanagement sind gesunde und agile Vögel, nicht aber sie vollständig aus der Stadt zu entfernen. Dies wäre unmöglich und auch nicht sinnvoll, denn sie bereichern das natürliche Gleichgewicht.

Das Projekt in der Übersicht

In der Tabelle auf den folgenden Seiten finden sich alle Einzelmaßnahmen des artgemäßen Managements von Stadttaubenpopulationen sowie die Ziele und Konsequenzen der Maßnahmen. Am wichtigsten aber, sie stellt auch die häufigsten Fehler dar und bietet Anleitungen zur Abhilfe. Dadurch erhöht sich die Wahrscheinlichkeit, dass das Projekt erfolgreich wird, um ein Vielfaches.

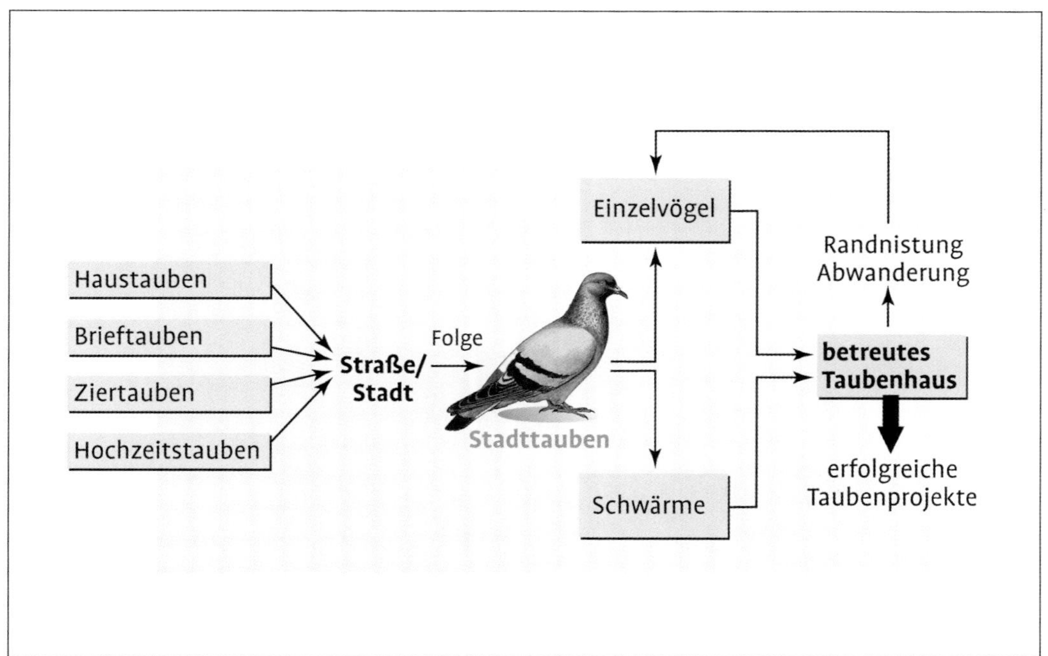

Stadttauben: Situation mit artgemäßem Management der Stadttauben

Maßnahme	Ziel	Konsequenz	Fehler	Abhilfe
Stadttauben-monitoring	komplette Schwarmanalyse und Bestandserfassung (Hotspots)	richtige Schlagwahl und Schlaggröße	falsche Zählungen/ Schätzungen	Zählen auf digitalen Aufnahmen; Aufzeichnungen im Stadtplan; Berücksichtigung von Brut- und Jungvögeln
Taubenschlag	Taubenkonzentration; unkontrollierte Populationsentwicklung vermeiden	Tierschutz und artgerechte Betreuung	Schlaggröße zu gering; Einflugumfeld nicht geeignet	Schlaggröße orientiert sich an der Schwarm- bzw. Teilschwarmgröße Einflugmöglichkeit berücksichtigen oder schaffen
Standortwahl	Mensch & Stadttauben in Einklang bringen	Schwarmverlagerung	Nachbarschaftsgebäude als potenzielle Sitzplätze nicht berücksichtigt	direkten Anflug ermöglichen; Distanz zu Nachbarschaftsgebäuden einhalten; höhere Gebäude in der direkten Nachbarschaft vermeiden
Futter-/Wasserquelle (Anfüttern)	Nahrungsquelle signalisieren	Entstehung eines Hotspots/ einer Aufenthaltsstätte	falsche oder nicht genehmigte Futterplätze; willkürliche Fütterung ohne Zielverfolgung	ausgewiesene und genehmigte Futterplätze verwenden zielorientierte Fütterung z. B. hin zum bzw. am künftigen Schlag
Eingewöhnung/ Umsetzung	gewünschte Standortbindung	neue Standortbindung bzw. Standorttreue	zu kurze Eingewöhnungszeit; zu wenig geschlechtsreife Vögel	Jungvögel einsetzen, welche noch nie ausgeflogen sind. Diese erhalten beim ersten Ausfliegen gleich die richtige Standorttreue; BeimUmsetzung mit Altvögeln mehrere geschlechtsreife Vögel einsetzen und mit der Öffnung des Schlages bis zur Eiablage warten.
Fütterungs-verbot	nicht artgerechte Futterquellen ausschließen; Nahrungsangebot reduzieren, dadurch die Paarungsbereitschaft minimieren	mehr hungernde Tauben auf der Straße, wenn keine alternativen Futter- bzw. Wasserquellen angeboten werden	keine alternativen Futter- und Wasserquellen zur Verfügung stellen	betreute Taubenschläge mit artgerechtem Futter

Maßnahme	Ziel	Konsequenz	Fehler	Abhilfe
Vergrämung	Taubenansiedlung verhindern oder auflösen	Populationsverlagerung	ohne Alternative führt dies nur zur Populations-/Gebäudeverlagerung, aber nicht zur Lösung des Problems	gewünschten Zielort attraktiv machen durch das Anbieten von Futter, Wasser und Nistmöglichkeiten
Eieraustausch	zentrale und kontrollierte Populationsentwicklung	Eingriffsmöglichkeit in die Populationsentwicklung	rigoroses Eieraustauschen ohne Bruterfolg führt zu Randnistung bzw. Abwanderung	Pärchen abwechselnd einmal im Jahr ausbrüten lassen; natürliches Brutverhalten fördern und fruchtreichen Schlag signalisieren
Fütterungszeiten	Futtersuchverhalten steuern; Zuwanderung & Bestandspflege steuern	natürliche Vogeleigenschaften berücksichtigen und steuern	zu wenig Futter führt zur Suche auf Straßen/Stadt zu viel Futter führt zu Verfettung der Tauben	Vormittagsfütterung: Steigert Paarbildung, Brutverhalten und Neuansiedlung; verhindert Straßen- und Stadtfuttersuche Nachmittagsfütterung: Bestandsgrundversorgung, Förderung des natürlichen Futtersuchverhaltens sowie der Mobilität der Tauben

Auch Pfützen dienen den Tauben als Wasserquellen – ob zum Trinken oder Baden.

Service

Zum Nachlesen

Wilhelm Bauer (2015): Taubenhäuser und Taubenschläge bauen. Verlag Eugen Ulmer, Stuttgart.

Wilhelm Bauer (2013): Tauben. Verlag Eugen Ulmer, Stuttgart.

Margrit Lipczinsky, Helmut Boerner (2011): Brieftauben. Verlag Eugen Ulmer, Stuttgart.

Heinrich Mackrott (1997): Tauben halten. Verlag Eugen Ulmer, Stuttgart.

Adressen

Menschen für Tierrechte
Bundesverband der Tierversuchsgegner e. V.
Roermonder Straße 4a
52072 Aachen
E-Mail: info@tierrechte.de
URL: www.tierrechte.de
http://www.tierrechte.de/themen/stadttauben

Deutscher Tierschutzbund e. V.
Bundesgeschäftsstelle
In der Raste 10
53129 Bonn
E-Mail: bg@tierschutzbund.de
URL: www.tierschutzbund.de
http://www.tierschutzbund.de/information/hintergrund/artenschutz/heimische-wildtiere/stadttauben.html

Verband Deutscher Brieftaubenzüchter e. V.
Katernberger Str. 115
45327 Essen
Taubenklinik des Verbandes – Tel.: 0201-848390
E-Mail: verband@brieftaubenverband.de
URL: web.brieftaube.de
http://web.brieftaube.de/verband/verirrte-tauben.html

Bund Deutscher Rassegeflügelzüchter e. V.
Dorfplatz 2
01920 Haselbachtal OT Reichenbach
E-Mail: info@bdrg.de
URL: www.bdrg.de
https://www.bdrg.de/taube-gefunden

Schlusswort und Dank

Dieser Ratgeber wurde von mir nach meinem besten Wissen und Gewissen geschrieben, eine Garantie für ein erfolgreiches Taubenkonzept, die durch an eine Vielzahl örtliche Faktoren mit gesteuert werden, gibt es jedoch nicht. Das Buch soll Ihnen Hintergründe näher bringen, warum gewisse Populationsentwicklungen entstehen, wie man dagegen oder dafür vorgehen kann und dies erfolgreicher, als manch andere, die es schon probiert haben. Stadttauben sind Vögel, die zu unserem Stadtbild gehören und es gibt viele Menschen, die dieses Bild auf positive Weise erhalten und mitgestalten möchten.

Zum Schluss möchte ich mich für die Unterstützung dieser Arbeit bei Frau Dr. Dorothee Schlegel (MdB), Frau Dr. Eva-Maria Götz (Lektorin Ulmer Verlag) sowie Eugen Ulmer Verlag KG direkt ganz herzlich bedanken. Auch der Stadt Buchen, die mir ihr Vertrauen geschenkt hat und die Möglichkeit gab, mein Wissen in die Tat umzusetzen.

Ein ganz besonders Dank gilt meiner Familie, durch die ich schon in der Kindheit Beobachtungen und Erfahrungen in der Tierwelt machen durfte, vor allem aber meinen Kindern und meiner Partnerin, die stets hinter mir stehen und mich bei meinen Aufgaben sehr unterstützen und motivieren.

Bildquellen

Alexandar Iotzov/Shutterstock.com: Seite: 59
aon168/Shutterstock.com: Seite 68
aragami12345s/Shutterstock.com: Titelfoto
Boryana Manzurova/Shutterstock.com: Seite 73
Büro Dr. Dorothee Schlegel, MdB: Seite 4
Colourbox.de: Seite 6, 10, 14 unten, 18, 19, 78, 82
guentermanaus/Shutterstock.com: Seite: 26 oben
ISchmidt/Shutterstock.com: Seite 14 oben
jtairat/Shutterstock.com: Seite 67
kanchana tipmontian/Shutterstock.com: Seite 32 unten
Kostin/Shutterstock.com: Seite 70
Kreangkrai Indarodom/Shutterstock.com: Seite 74
l i g h t p o e t/Shutterstock.com: Seite 8
Marina Zezelina/Shutterstock.com: Seite 37 oben
MNStudio/Shutterstock.com: Seite 33
Morrowind/Shutterstock.com: Seite 32 oben
sondem/Shutterstock.com: Seite 13
Stadttaubenprojekt Stuttgart: Seite 2, 17 rechts
SusaZoom/Shutterstock.com: Seite: 30
taro911 Photographer/Shutterstock.com: Seite 40
Thitisan/Shutterstock.com: Seite 22
Viktor Wiese: Seite 5, 15, 16 oben, 16 unten, 17 links, 20, 21 oben links, 21 oben rechts, 21 unten links, 23 oben, 23 unten, 24 oben links, 24 oben rechts, 24 unten links, 24 unten rechts, 25 oben links, 25 oben rechts, 25 unten links, 25 unten rechts, 26 unten, 28 oben, 28 unten, 29 oben, 29 unten, 35 links, 35 rechts, 36 oben, 36 unten links, 36 unten rechts, 37 unten, 38, 41 oben, 41 unten, 43, 44 oben, 44 unten, 45 links, 45 rechts, 46, 49 oben, 49 unten, 50 oben, 50 unten, 51, 52, 53, 55, 56, 60 oben, 60 unten, 61, 62, 63, 64, 65, 69 oben, 69 unten links, 69 unten rechts, 77 links, 77 rechts
Yentafern/Shutterstock.com: Seite 21 unten rechts

Die Grafiken fertigte Helmuth Flubacher, Waiblingen, nach Vorlagen des Autors.

Register

A

Abwehrmaßnahmen 32
Agrarbetriebe 42
Aktivitätsradius 12
Anbrüten 22
Anflugmöglichkeiten 52
Anlocken mit Futter 69
Ansiedeln 72
Ansiedlung, unkontrollierte 76
Aufwandsentschädigung 43
Aufwärmen 20
Ausfliegen 27
Ausrichtung 48
Ausrüstungsutensilien 59

B

Bademöglichkeit 59
Balzritual 22
Baukosten, Taubenhaus 43
Bauwagen 55
Bekämpfungsmethoden 67
Beleuchtung, Schlag 63
Beobachtungsfenster 48
Bestandsreduzierung 76
Betreuung 75
Betreuung, Gebäudeschlag 54
Betreuungsvereinbarung 43
Betreuung, Taubenhaus 52
Betreuung, Taubenturm 53
Bodenbelag 54
Bodenbelag, Schlag 61
Boden, Reinigung 62
Brieftauben 11, 27, 45, 52, 68
Brieftaubenhalter 52
Brieftaubensport 12
Brieftaubenzüchter 45
Brunnen 12
Brustbeinfurche 77
Brutaktivität 11
Brutentwicklung, steuern 76
Brut, erfolgreiche 23, 60
brutfreie Zeit 26
Brutplatz 22
Brutplätze auflösen 39
Brutplätzen 32
Brutplatz, fruchtvoller 23, 27
Brutplatz, Konkurrenz 52
Brutschale 60
Brutverhalten ausleben 39
Brutzellen 51

C

Containerschlag, Einrichtung 56

D

Drahtnetze 38
Drucksprüher 64
Dünger 65
Dunkelheit 56, 63

E

Eieraustausch/-entnahme 38, 47, 60, 76
Eier legen 26
Einfangen 68
Einflugkästen 51
Einflugloch 51
Einflugloch, geteiltes 54
Einflugöffnungen 51
Eingewöhnung 65

Eingewöhnungsphase 56
Einstreu 62
Energiesparlampen 63
Energieverbrauch 77
Ersatzeier 61

F
Fallkiste 69
Fangen 68
Federbildung 26, 62
Federlinge 17
Fehlprägung 14
Feinde 29
Felsentaube 11
Fettsucht 77
Flugstruktur 35
Flugübungen 26
Flugverhalten 20
Folgetiere 20
Fortpflanzung 22
Fußgängerbereich 53
Futter 32
Futtereimer/-sack 64
Futterfest 26
Futtermangel 72
Futtermenge 75
Futterplatz 13, 37
Futterquellen 12
Futterspender 60
Futter- und Trinkplätze, kontrollierte 34
Fütterung, Jungtiere 26
Fütterungsplätze 42
Fütterungsverbot 13, 34, 38, 42, 47, 72, 80
Futter-/Wasserquellen 80

G
Gartenrechen 64
Gebäudeprägung 27, 38, 56, 73
Gebäudeschlag 26, 53, 61, 72
Gebäude, Verschmutzung 15
Gemüse 60
Gerätschaften 64
Gesamtfuttermenge 60
Gesamtpopulation 36
Geschlechtsreife 27
Getreide 15, 42
gezielt anlocken 72
Giftfutter 17
Gipseier 61
Greifvögel 27, 29, 54
Grit 62

H
Hackordnung 48
Handaufzucht 14
Handbesen, Handschaufel 64
Hauseigentümer 42
Haustauben, Zucht 11
Haus- und Zuchttauben 11
herrenlose Tiere 31
Hobbytaubenzüchter 59
Hochzeitstauben 27
hudern 26

I
Identifikationsring 45
Industriegebiete 42
Informationsmaterial 44

J
Jungensterblichkeit 29
Jungvögel 14, 35, 54
Jungvögel, einfangen 38

K
Katzen 29
Kescher 68
Klappleiter 64
Knochenbau 62
Koloniebrüter 22
Kompass, innerer 27
Konkurrenzbrüter 22
Konkurrenzdruck 37
Körnerfresser 12
Körnerfutter 60
Kotbrettchen 43, 61
Kotstaub 16
Krähen 54
Krankheitsübertragung 16
Kropfmilch 15, 22, 26

Kryptokokkenmeningitis 16
Kunsteier, Kunststoffeier 61, 76

L
Lagerraum 57
Lagerung, Vorräte 52
Landefläche 51
Landesverordnungen 38
Lebensbedingungen, gute 40
Lebenserwartung 29
LED-Beleuchtung 63
Leitvögel 20, 32
Leuchtstoffröhren 63
Lichtquelle, Beleuchtung 54
Lichtstrahl 71
Lockfutterbereiche 72
Lockvögel 38, 73

M
Magensteinchen 62
Mangelerscheinungen 13
Marder 29
Mindestbestand 76
Mineralstoffe 62
Mischgebiete 42
Misshandlung 17
mobiler Taubenschlag 55
Monogamie 22
Morgensonne 48
Muschelgrit 62
Muskelmagen 62

N
Nachtruhe, Nachtruheplätze 39
Nebenansiedlung, Randnistung 54
Nest 26
Nestbau 23
Nestlinge 14, 26, 35, 55
Nistdauer 26
Nistkästen 44
Nistparzellen 51
Nistplätze, Schlag 60
Nistschale 26, 48, 60
Nistverhalten 15, 26
Notlegeplätze 37

O
Obst 60
öffentliche Ordnung 31, 38, 42
öffentliche Sicherheit 38
Öffentlichkeitsarbeit 44
Orientierungsgedächtnis 27
Orientierungsvermögen 20
Ornithose 16

P
Paarbildung 22, 73
Paarungsakt 22
Paarungsverhalten 22
Parasiten 17
Partner 42
Partnervögel 35
Partnerwahl 27
Pflegestelle 27
Prägung 48
Prägungsflüge 27
Putzverhalten 20

Q
Quarantäne 57
Quarantäneraum 65

R
Rabenvögel 22
Randbesiedlung 60
Randbrüter 36
Randnistung 41, 52
Randsiedlungen 15
Rangordnung 20
Reinigung, Taubenturm 53, 75
Ringkennzeichen 45
Rote Vogelmilbe 17
Ruheplätze, Schlag 61
Ruheplätze versperren 39
Ruheplatz, unsicherer 63
Rundflüge, Schwarm 47

S
Sägespäne 62
Sammelplätze 19, 35
Sammelstandorte 22

Sand 61
Sandbad 62
Satteldach 56
Schautaubenzucht 12
Schlafplatz, unsicherer 71
Schlagbetreuer 44, 55, 75
Schlagboden 61
Schlaggröße, anpassen 56
Schlagreinigung 64
Schlagtyp 48
Schlag, überbesiedelt 52
Schlupf 26
Schutzkleidung 64
schwache Vögel 60
Schwarm 20
Schwarmflug 19
Schwarmgröße 52
Schwarmmagnet 26, 39
Schwarmverhalten 35
Schwarmvögeln 22
Schwarm, zusammensetzen 73
Sitzbrettchen 61
Sitz- oder Brutstellen 32
Sitzregale 61
Sitzstangen 52
Sonnenbaden 41, 47, 51
Sonnenplätze 35
Sozialverhalten 19
Spachtel 64
Spikes 17, 32, 42
Stadttauben-Hotspots 53
Stadttaubenmonitoring 34, 35, 80
Stadttaubenprojekt 31
Stadtverwaltung 42
Standort, Taubenhaus 55
Standorttreue 27, 52, 60, 73
Standortwahl 80
Staubbildung 62
Stielbesen 64
Stoffnetze 32
Stromversorgung 63

T

Tagesablauf 20
Taschenlampe 63, 71, 77

Taubenbeauftragte 42
Tauben fangen 68
Taubenhaus 34
Taubenhaus, Bauweise 48
Taubenhaus, mobiles 61, 73
Taubenhausschwarm, Schwarmmagnet 39
Tauben-Hotspot 40, 47, 55
Taubenkot 15
Taubenlockfütterung 72
Taubenmilch 15
Taubenmist 65
Taubenpost 11
Taubenschlag, Größe 36, 80
Taubenschlag, mobiler 55
Taubenschlag, zu kleiner 37
Taubenschwarm, verlagern 55
Taubentränke 59
Taubenturm 52, 61
Taubenturm, Ästhetik 53
Taubenverein 43

Taubenwart 48, 52
Tauben zählen 35, 64
Taubenzecken 17
Täuber 22, 26, 27
Täubin 22, 26
Teilpopulationen 35
Teilschwarm 20, 41
Temperatur, Eier 61
Thermokomposter 65
Tierquälerei 47
Tierschutzgesetz 38, 42, 67
Tierschutzverein 31, 43
Tötung 67
Trinkbrunnen 22

U
Umzug 55
Ursachenforschung 32
Utensilien 64
UV-Licht 63

V
Vandalismus 47
Vereinsnummer 45
Verfettung 13
Vergrämung 17, 29, 34, 39, 47, 67
Vergrämung, natürliche 63, 71
Vergrämung, nicht tierschutzgerechte 17
Verhaltensweisen 19
Verletzungen 17, 37, 67
verscheuchen 67
Verschmutzung 38
Vogelauge 63
Vogellicht 63
Vogelwelt, heimische 44
Voliere 48, 65
Vorschaltgerät 63

W
Wanderfalken 32
Wasser 15, 32
Wasserkanister 64
Wasserquellen 59, 80
Wasserversorgung 26, 59
Wettkampfring 45
Wildtiere 31
Winter 72
Wohngebiet 41

Z
Zugeflogenendienst 45
Zuständigkeiten 31

Bibliografische Information der Deutschen Nationalbibliothek
Die Deutsche Nationalbibliothek verzeichnet diese Publikation in der Deutschen Nationalbibliografie; detaillierte bibliografische Daten sind im Internet über http://dnb.d-nb.de abrufbar.

Wollgrasweg 41, 70599 Stuttgart (Hohenheim)
E-Mail: info@ulmer.de
Internet: www.ulmer-verlag.de
Lektorat: Dr. Eva-Maria Götz
Herstellung: Thomas Eisele
Umschlagentwurf: Verlag Eugen Ulmer
Satz: pagina GmbH, Tübingen
Druck und Bindung: Westermann Druck, Zwickau
Printed in Germany

ISBN 978-3-8001-0843-5

Eigene Beobachtungen und Notizen

Hier können Sie weiterlesen:

- **Mit diesem Buch gelingt der Bau von Taubenschlägen**
- **Alles Wissenswerte zu Material, Bau und Inneneinrichtung**
- **Mit vielen Tipps und Anleitungen aus der Praxis**

Bauen Sie Ihren Taubenschlag selbst. Dann passt er zu Ihrem Garten und Sie können ihn so einrichten, dass Ihre Tauben die besten Voraussetzungen für gute Leistungen und eine gelungene Brut vorfinden. Ob Taubenhaus, Dach- oder Kleinstschlag, Flug- oder Brieftaubenschlag, was Sie dazu über Baustoffe, Bauablauf, Dachkonstruktionen, technische Installationen, Inneneinteilung, Einrichtung, Wirtschaftsraum, Ausläufe und Volieren wissen sollten, zeigt Ihnen dieses Buch im Detail. Beispiele mit maßstabsgetreuen Zeichnungen liefern Ihnen Anregungen zu Planung und Bau Ihres eigenen Tabenschlags.

Taubenschläge und Taubenhäuser bauen. Wilhelm Bauer. 2015. 112 Seiten, 78 Fotos, 8 Zeichnungen, geb. ISBN 978-3-8001-8359-3.